Media
TECHNOLOGY
传媒典藏

音频技术与录音艺术译丛

小型工作室声学设计

Acoustic Design for the HOME STUDIO

[美] 米奇·加拉格尔（Mitch Gallagher）◎著

石 蓓◎译

人民邮电出版社
北京

图书在版编目（CIP）数据

小型工作室声学设计 / （美）米奇·加拉格尔
(Mitch Gallagher) 著 ; 石蓓译. -- 北京 : 人民邮电
出版社, 2023.3（2024.3 重印）
ISBN 978-7-115-60621-1

Ⅰ. ①小… Ⅱ. ①米… ②石… Ⅲ. ①录音室－声学
设计 Ⅳ. ①TU112.4

中国版本图书馆CIP数据核字(2022)第236047号

版权声明

◆ 著　　　　［美］米奇·加拉格尔（Mitch Gallagher）
译　　　　石　蓓
责任编辑　黄汉兵
责任印制　马振武
◆ 人民邮电出版社出版发行　　北京市丰台区成寿寺路 11 号
邮编　100164　　电子邮件　315@ptpress.com.cn
网址　https://www.ptpress.com.cn
北京七彩京通数码快印有限公司印刷
◆ 开本：700×1000　1/16
印张：12　　　　　　2023 年 3 月第 1 版
字数：144 千字　　　2024 年 3 月北京第 3 次印刷
著作权合同登记号　图字：01-2022-4269 号

定价：69.80 元

读者服务热线：(010)81055493　印装质量热线：(010)81055316
反盗版热线：(010)81055315
广告经营许可证：京东市监广登字 20170147 号

内容提要

本书围绕“如何在家中打造梦想中的录音室”主题，帮助普通人仅凭很少的声学设计原理基础，以零成本或低成本改造房间、改善室内声学环境，从而获得专业级别的录音音质。

全书分为三个部分。第一部分是声学和声音控制（第 1 ～ 6 章），包含声学定义、反射声控制、低频下限、黄金三要素、声学处理和声学误区；第二部分是工作室声学处理（第 7 ～ 13 章），讲解了如何选择最佳的房间作为工作室、新手入门、工作室的布局和声学材料、零成本的家庭工作室方案、理想的家庭工作室声学设计方案、噪声控制和隔声；第三部分是工作室声学设计系列案例展示（第 14 ～ 19 章），收录了家庭办公室、地下室、卧室等多种类型的优秀设计案例。

本书通俗易懂、案例丰富、实用性强，是音乐人或视频创作者低成本打造属于自己的录音室的“一本通”。本书适合作为高校音乐、录音艺术、播音主持、影视等相关专业的教材，也适合作为影视与传媒行业、网络直播行业从业者的入门指导书。

谨以此书献给我的父母，

感谢他们这么多年来为我所做的一切；

还有我的好妻子，费利西娅，

她让我感到付出的一切都是值得的。

本书受浙江传媒学院浙江省一流学科（A类）“戏剧与影视学”资助，受浙江省公益技术应用研究项目资助（立项编号：LGF22A040001）。

序言

PREFACE

音乐、声音和声学密切相关，可以说它们构成了一个漂亮的、完整的闭环。音乐可被描述为通过声音展现的创作灵感和才华。喷气推进实验室（JPL）的迪克·海泽（Dick Heyser）曾将声音描述为“当物体发生振动时会发生的事情”。

当声音从乐器、人的声带或扬声器中产生后，振动通过空气介质传播给听众。声音一旦产生，由于房间声学特性的影响，我们立即就失去了对音乐艺术的直接控制。这是音乐家、艺术家、工程师和听众在创造合适的录音和重放声音时需要面对的问题。

当米奇·加拉格尔（Mitch Gallagher）邀请我评论他的书时，我非常高兴地看到，这本书不是对声学理论基础内容的简单重复，也不是实践性不强且解决问题的效果未知的技巧大全之类的书。相反，这是一本帮助非专业人士进行房间声学处理的实用指南。本书侧重于通过实例和演示结果，探讨如何处理小制作空间的声学问题，并且展示了思考过程。

对于创造完美的声学环境，没有可靠的且适用于所有情况的技巧大全之类的方案。声学是一门应用科学，既是艺术又是科学。这并不意味着“艺术”部分是某种形式的晦涩的“黑色艺术”，相反，它是科学的声学原理的一种创造性的应用，是为了产生更理想的声学环境。

如果你要在 4 面墙和 1 个屋顶组成的空间里面创造、修改和监听声音，你就要保证这个空间具有良好的声学特性。在录音、监听和混音、重放的声学环境里，声音都会受到其他因素的影响。如何更好地完成改善声学环境的任务是本书的目的之一。

通过家庭工作室的声学设计，米奇·加拉格尔成功地将声学这种感性的科学应用于个人制作空间，并且使其更加易懂、适用和有趣。

拉斯·伯格

拉斯·伯格设计团队（Russ Berger Design Group)

致谢
ACKNOWLEDGMENTS

本书远不止由一个人完成。义务为这本书提供帮助的人有傲世声学（Auralex）公司的特蕾西·钱德勒、Walters-Storyk设计团队的约翰·斯托里克、Primacoustic公司的彼得·贾尼斯、RealTraps公司的伊森·温纳，以及汤姆森学习出版集团的安德里亚·罗通多、史蒂夫·威尔逊、迈克·劳森、凯瑟琳·斯奈德、希瑟·塔尔伯特、伊丽莎白·弗巴什和史黛西·海克。

戴维·斯图尔特制作了本书的多张图片（效果好的图片是他制作的，效果不好的图片是我自己制作的）。感谢戴维！还要感谢莉安·斯图尔特进行了很多联络工作。

拉斯·伯格为本书提出了很多建议，还提供了许多技术信息，而且为第11章的理想中的工作室投入了很多的时间和创意（我真希望我有资金建造它！）。此外，他还为本书写了序言。我感激不尽。

傲世声学公司的杰夫·西曼斯基所做的已经超出了他最初时承担的义务。他不仅为书中一些想法提出了很好的意见和建议，提供了许多信息，而且还志愿成为出色的技术编辑，他还对所有的房间进行了声学分析，并为本书提供了所有的房间声学响应图。仅仅说感谢不足以表达我的感激之情。

最重要的，感谢我的妻子费利西娅对本书编写工作的无限热情与支持。

作者简介
ABOUT THE AUTHOR

当米奇·加拉格尔所在的摇滚乐队的经理借给他们一台四轨录音机的时候，他被推荐去做音乐录音工作。他曾经学习过电气工程和计算机科学方面的知识，并且获得了明尼苏达州立大学摩海德分校音乐学士学位。他在研究生阶段学习电子音乐作曲，并且凭借古典吉他进入密苏里大学堪萨斯分校。

作为吉他手，他在美国中西部地区从事摇滚音乐工作多年，经常参加乡村音乐巡回演出。他曾与大型乐队、爵士摇滚融合乐队、实验音乐乐队一起演出，并进行过小型合奏，担任古典和钢弦吉他独奏。他曾教授吉他课程。

作为作曲家，他涉足商业音乐和古典音乐领域。*Prophecy#1: At First Glance* 是他为打击乐合奏和合成器创作的实验性作品，获得了1991 年的 NARAS 奖（格莱美奖的前身）。

他用一台二手 C64 计算机、初级 MIDI 软件、一个低端鼓机，并且用一台小型的 Radio Shack 品牌的扩声设备做监听，建立了他的第一个工作室。最终，他的工作室发展成 MAG 媒体制作公司，提供一系列的录音、混音、编辑和母带制作服务，以及自由撰稿和编辑服务。

除了从事多年专业音频零售、负责自由录音和现场声音工程外，米奇·加拉格尔还在大学里教授录音和电子音乐课程，并且主讲过许多关于录音、MIDI 和现场声音的讲座。他曾在美国和欧洲各国就音乐技术主题进行演讲。

米奇·加拉格尔在1998年被任命为《键盘》杂志的高级技术编辑。2000年1月起，米奇·加拉格尔担任了5年《EQ》杂志的总编辑。他在美国、日本、澳大利亚和欧洲各国的音乐杂志上发表了近1000篇有关音乐技术和录音的产品评论和文章。他的第一本书《制作音乐吧！》于2002年发行。他的第二本书《Pro Tools教程》（2004年）被《音乐音响零售》杂志社列入当年最畅销的指导书。

译者简介

ABOUT THE TRANSLATOR

石蓓，中国传媒大学录音专业硕士，华南理工大学声学专业博士，浙江大学博士后。浙江传媒学院副教授，从事录音艺术与音频技术方向的教学和科研工作。

引言
INTRODUCTION

早在20世纪80年代初期，当我在读大学的时候，就建立了自己第一个“录音棚”——由一台二手C64计算机（64KB的RAM，没错！）运行着原始的MIDI音序器，一台廉价的鼓机，几把肖尔茨摇滚乐队用过的吉他，以及我的立体声音响里的JVC品牌的盒式磁带录音机搭建成。好吧，这套装备的性能在过去可能还算是比较强大的。我把设备放在我的小卧室的架子上，用耳机监听。几年后，工作室不可避免地扩张，我用节省下来的钱购买一些新的“装备”。装备的性能越来越好，而我随着不断学习和研究录音技术并在录音室中积累经验，技能也得到了提高。

但是在过去的几年中，我和许多家庭工作室、项目工作室的所有者达成了共识：我们所拥有的设备能够获得出色的、专业的成果的前提是掌握正确的使用技术。得益于我们所掌握的技能，在现在这个时代即使是使用很便宜的录音设备，我们也能够制作出拥有出色音质的声音。

尽管如此，我们的家庭工作室还是有明显的局限性。装备的性能变得更好了，我们也学到了很多关于录音的知识，然而，还是有很多音乐人和工程师很难获得专业的音质。我们发现使用更多的装备并不是总能解决问题。虽然通过更多的学习和实践能够在一定程度上提升家庭工作室的录音质量，但在家庭工作室获得好的声音还是比在“商业”或专业录音棚中获得好的声音难得多。

其中一个很重要的原因就是声学问题。如果你工作的房间声音环境不好，并且它不标准，那么要制作出音质出色的声音是非常困难的。如果话筒收进来的人声和乐器声本身就不对，那么就不可能获得真实的声音。你必须能够听到音轨里真实的声音，才能准确地对其进行编辑、均衡、处理和混音。即使你拥有世界上最好的工作室监听音箱，如果你的房间声学条件不好，或者响应不好，你就无法监听到音乐的真实效果。

声学是一门复杂的、大量依赖数学的科学，但是要把一个房间处理成声学条件良好的房间，并且优化到能具备一个工作室的功能并不困难，也不需要在计算机屏幕前花费数小时来计算并设计方案。了解一些基本原理，并知道如何将其应用到声学处理中，可以帮助你建立一个拥有标准听音环境的工作室。

我们家里的房间不可能与经过专业设计的工作室相比（至少在没有投入大量金钱和精力的情况下如此），但是在没有大的工程建设和没有进行大量金钱投入的情况下，我们仍然可以做很多事情来提升家里房间的声学条件。

这就是本书的价值所在。在书中你将学习到一些对你的家庭工作室或者项目工作室有帮助的基本声学原理，以及如何在不花费很多金钱的情况下解决可能遇到的声学问题的办法。无论你是要改造卧室、车库、地下室还是客厅的一角，本书都将帮助你改善音乐制作空间的声学环境。

原理很容易理解，改善房间所用的材料也很容易找到和使用。无论你是想要“零成本的”解决方案，还是想使用“现成的”声学材料，或者你的预算无上限，我们都可以提供有效地整合你的房间的方案。

我现在的工作室和以前的工作室都设在我家里，并且以一种不需要施工或对房间造成永久性损坏的方式进行了整合，这说明我能够使用本书中讲解的技术和材料来创造标准的录音和混音环境。这并不难，我和两个朋友用现成的材料，在几个小时内就对我现在的工作室进行了改造，包括一个录音间和主控制室，而且最终产生的效果非常好。

坚持读完这本书，然后认真思考、购买并使用少量的材料，你就可以把你的工作室改造成你一直期望的一流录音棚。你制作的声音听起来将会更好，你在制作声音时更容易达到你期望的效果，制作音乐也会变得更加有趣！

目录

CONTENTS

第一部分 声学和声音控制

第一部分

声学和声音控制

第 1 章

声学定义

我们先从声学定义开始（摘自微软单词词典，在韦氏在线词典和其他词典中也有类似的定义），具体定义如下。

声学。名词。1. 对声音的科学研究；2. 在特定封闭空间内（例如礼堂），声音传播的特定方式或声音被听到的特定方式。

换句话说，声学研究的是声音在空间中的传播。但是等等，你是不是想说："我是一名录音工程师（任意替换为'音乐家''词曲作者''制作人''作曲家'以匹配你的工作），我何必要科学地研究声音或者声音在空间中的传播方式呢？对我来说重要的是音乐！"

这是正常的反应。最重要的是音乐——让音乐好听。对于我们这些喜欢录音的人来说，"让音乐的声音达到最佳水准"通常表现为痴迷于从负担得起的最佳设备中获得最佳的音乐质量。如果你在报摊翻看专业的音频杂志——《Mix》《Sound on Sound》《Tape Op》等，你会发现这些杂志里包含很多对装备的评论和装备操作方法的文章。如果你在网上浏览，你会看到数十个在线论坛，论坛里大家会讨论诸如"我应该买哪种前置放大器？""哪种话筒最适合录原声吉他？""哪种监听音箱最标准？""我如何能录制出最好听的人声？""话筒放在哪里录底鼓声音最好？"之类的话题。

这没什么问题，讨论设备的好坏及如何使用它们对提升录音和混音水平很有帮助，而且几乎肯定会获得更好的录音质量，并且很有趣。但是，当我们沉浸在无止境地寻求最佳设备的时候，我们经常忽视了对我们录音和混音作品影响最大的一个要素——我们工作的房间内的声学环境。确实，一个时髦的新的电子管前置放大器可能会明显地改善音轨内的声音（而且它在机架上看起来真的很酷）。但是，解决你的工作室和控制室的声学问题可能将对你录制作品的音质产生更大的影响。事实上，在大多数情况下，改善房间的声学环境可以最大程度改善音质。

当房间声音达到最佳状态时，话筒可以准确捕捉声源，监听系统可以尽可能准确地重放声音，而不会受到房间声学问题的影响。如果一个房间的声音听起来“感觉”好，音乐家的表现会更好。最重要的是，你将能够准确地监听音乐，从而对音质、音色和演奏进行客观的判断。当房间拥有良好的声学环境时，你在这个房间里制作的音乐将会在其他人的立体声重放设备中得到良好的效果，比如汽车音响、MP3 播放器、收音机或电视机，以及剧院，不管在什么地方播放，它听起来都会和预期的声音一样。

商业工作室花费成千上万甚至更多的钱聘请专业的工作室设计师和高资质的声学专家来设计和建造最佳的声学环境，并且结果是值得的。但是我们大多数家庭工作室和项目工作室缺少聘请专业人士或者获得一流音质所需要的结构调整的预算。然而这并不是说我们无法极大地改善用于录音和混音的房间和空间的声音。我们用很少的钱就能使糟糕的声学环境得到有效的改善。在大多数情况下，投资一小笔钱并且付出汗水，我们就可以创造出听感很好甚至是超棒的空间用来录音和制作。

声学与隔声

当我们讨论工作室的声学处理时，往往会对我们谈论的内容产生很大的混淆。我们不是在谈论如何解决 100W 的马歇尔功放干扰左邻右舍的问题，也不是在谈论如何减小邻居听到的声音，从而让你们的邻居在你们乐队排练的时候不会去报警。这两个都是“隔声”的例子——阻止声音从一个地方传输到另一个地方。我们将在本书后面的章节中讨论一些隔声和噪声控制技术，尽管真正的隔声施工超出了本书所讲的范围。相反，我们的大部分讨论的内容将集中在声音在房间里的传输方式上。我们的目标是使用各种材料处理房间内的声学问题，从而使得房间内的声音可控、可测，并且无害。这与“隔声”完全不同：大多数声学处理材料都只有很少的隔声作用，有些甚至没有。实际上，在某些情况下，过度的隔声会使房间声学环境比没处理之前更差。

声学基础

控制空间内声学环境的第一步是对声音本身有所了解。

声波和频率

声音以波的形式传播，类似于在湖泊或者海洋中看到的波浪。声源的振动引起空气中波的振动。频率（波振动的速度）决定了声音的音高。一个常举的例子就是“A-440”，通常被作为乐器调音的参考音。实际上，A-440 意味着 A 这个音符的频率是 440Hz，意味着每秒声波振动 440 次。“Hz”代表“赫兹”，以海因里希·赫兹（Heinrich Hertz）命名，他是 19 世纪晚期的物理学家。赫兹的《力学原理》在当时开创性地研究了声音的音高和频率之间的关系，至今仍然是一本有价值的参考书。音符的音高越高，频率就越高。低音吉他的低音大概能低到45Hz。打击闪着微光的铙钹类的乐器可能会产生更高的频率，高达6000Hz、7000Hz，甚至10 000Hz左右。像这样的大数字通常用“千赫兹”或者“kHz”表示。1kHz就是1000Hz，所以将6000Hz缩写为6kHz，将10 000Hz缩写为10kHz，将7500Hz缩写为7.5kHz，等等。在音乐术语中，一个音符的频率加倍则高一个八度。所以，880Hz的A音符高于A-440一个八度。示例如图1.1所示。

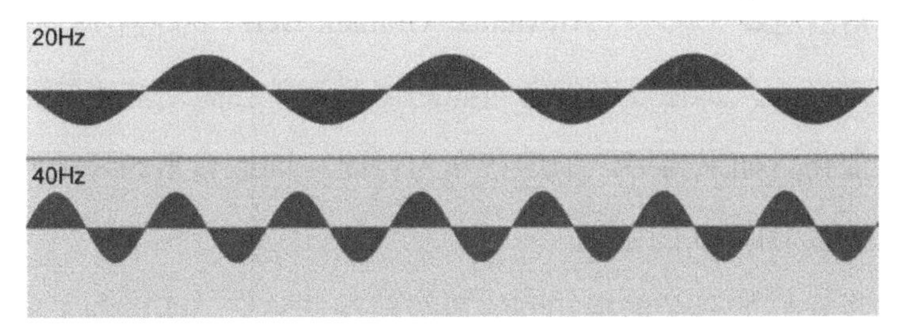

图1.1
我们看到两个音，上边的是20Hz，下边的是40Hz。注意40Hz音符的声波周期出现的速度是20Hz音符的2倍，它的频率是20Hz音符的2倍。用音乐术语说即为它听起来高一个八度

一般认为人的听力范围是20Hz～20kHz。然而，声音频率的范围可从0Hz扩展到数十万赫兹，甚至更高，尽管绝大多数人都听不到这些超出极限频率的声音。对于家庭工作室和项目工作室或任何工作室的声学处理，我们通常最关心的是在人类听力范围内，甚至比该范围频率更窄范围内的声音。

与之相关的是频率响应，也就是某个设备（或房间）如何对不同频率的声音做出响应。

在理想情况下，所有频率的响应都应该相同，被称为“平直的

频率响应”；对电子音频设备来说，频响曲线比较平坦。但是对于房间而言，平直的频率响应实际上不太可能。尽管如此，我们处理工作室的目标之一是让频率响应尽可能均匀和平坦。事实上，我们能做的只是减小最差的响应问题，使情况稍微改善一下。但那对于我们的耳朵来说已经足够了，在相对均衡的响应下，我们的听力系统有能力对余下的异常响应进行补偿。

振幅

声音的音量或者“声级”以分贝为单位，英文为“dB”，以亚历山大·格雷厄姆·贝尔（Alexander Graham Bell）的名字命名。1dB通常被定义为人耳在没有参考对照的情况下单独听所能感知到的最小音量变化。如果将另一个声音作为对比，训练有素的耳朵经常可以听出小至1/10dB的变化。

因为我们的耳朵能感知到的声级范围非常广，所以为了便于进行数学运算，分贝标度是对数。一个非常安静的专业录音棚的背景噪声为30～40dB，而近距离接触喷气式飞机引擎所听到的声音大概为140dB。较为舒适的听音乐的音量（重金属音乐除外）在70～90dB这一范围内，而摇滚音乐的音量通常可达到120～130dB。

对我们来说，这个对数尺度意味着你不需要调整很多分贝就能听到一个声音信号在音量上发生较大的改变，3dB的增减已经够多了，音量增加10dB可使响度增加1倍。

波长

声波的物理长度被称为波长，声波的波长与声波的频率有关，即频率越高，波长越短；频率越低，波长越长。当你在处理声学问题时，这是很重要的，因为波长和相位紧密相关（见下一小节“相位”），对房间中那些有可能出现问题的地方会有影响。频率与波长对照表见表 1.1。

表 1.1 频率与波长对照表

频率	波长
20Hz	17m
60Hz	5.6m
100Hz	3.4m
160Hz	2.1m
320Hz	1.1m
500Hz	0.7m
1kHz	0.3m
2.5kHz	13.6cm
5kHz	6.8cm
10kHz	3.4cm
20kHz	1.7cm

相位

相位这个术语描述了两个声波或者声信号在时间上的关系。每一个波都在连续不断地经过它的 360° 一个周期中的波峰和波谷，如果两个相同的波在它们的振动周期中的不同位置结合就会出现不同的情况。示例如图 1.2 所示。

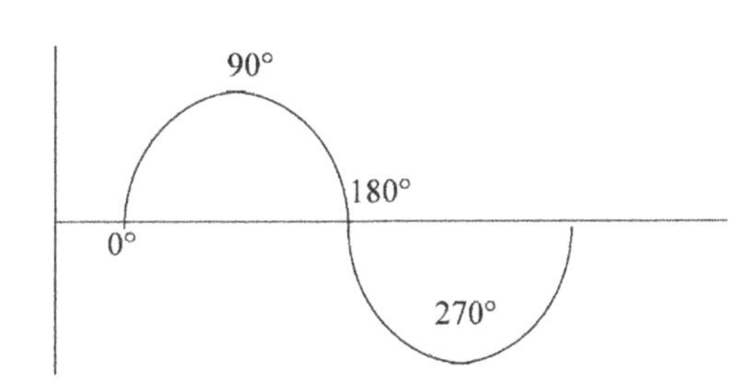

图 1.2
声波经过连续的波峰波谷传播，这个传播过程用度数来衡量

相位在声学中非常重要，因为很小的反相就会导致两列波互相抵消，导致音调发生改变，示例如图 1.3 所示。

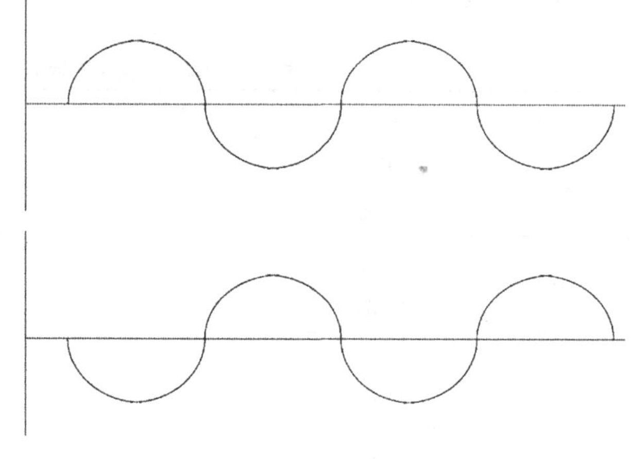

图 1.3
这两个波形 180° 反相。如果将它们组合在一起，它们将完全抵消，导致没有声音了。即使两列波只有 1° 相位差也会发生抵消，音量减小并造成一种“空洞”、被削弱的声音听感

同样地，同相位的声波会互相加强，使信号变得更强。当声音在房间内反射时就会出现相位问题；反射波相互干扰具有破坏性，引起各种问题。我们将在下一章开始更多地讨论这种问题。

第2章

反射声控制

抛开数学和物理不谈，从全局视角看，声音在房间内的传播过程在概念上很容易理解。声波在房间内会被表面反射并且反射向各个方向，也可能会被表面吸收一部分，反射得少一点，也可以穿过或者绕过房间内的界面传播到房间外面。

在工作室里的上述声波传播过程中的所有环节都有可能出现声学问题——房间内反射波之间互相干涉会使得房间内的混音和录音变得困难，从房间内透射出去的声波会影响你和邻居的友好关系！此外，如果声波能从房间内传播出去，那么外面也会有潜在的杂音与噪声传入房间。这一章我们将讨论房间内的声波传播，在第13章“隔声”中将介绍通过隔声阻止声音传入或传出。

房间内的声音

声波在房间内的传播取决于很多因素——声波的频率、房间的形状和尺寸、墙体与天花板及地板的材质和铺设的材料、门窗的数量和安装的位置，以及房间内的摆设（家具、挂毯、设备、演员的数量和熔岩灯），等等。在接下来的几章中将讨论这些因素。

决定房间内声音传播现象的最重要的因素之一就是声波的频率。对于频率较低的声音，波长长，声波在房间内的障碍物附近传播时易于发生弯曲，并且易于穿过轻质材料，全方向（各个方向）扩散。我们将在下一章中更多地讨论房间内低频声音的传播。

100Hz 以上的频率称为中高频，这种频率的声波的传播比较好预测。它们有指向性（就像手电筒的光束），会被坚硬的表面反射，并且会被柔软的材料吸收。声波的反射原理就像弹跳的橡皮球一样。把球扔向坚硬的表面，例如混凝土地板或者石膏墙面，球会以与入射角度反相对称的角度弹跳出去。从技术上讲，反射面的尺寸必须与声波的长度相当才能以上述方式反射声音。因此，100Hz 的声波会被大约 3.66m 宽的墙面反射，对于小于这个尺寸的反射物，100Hz 的声波将会发生衍射，如图 2.1 所示。

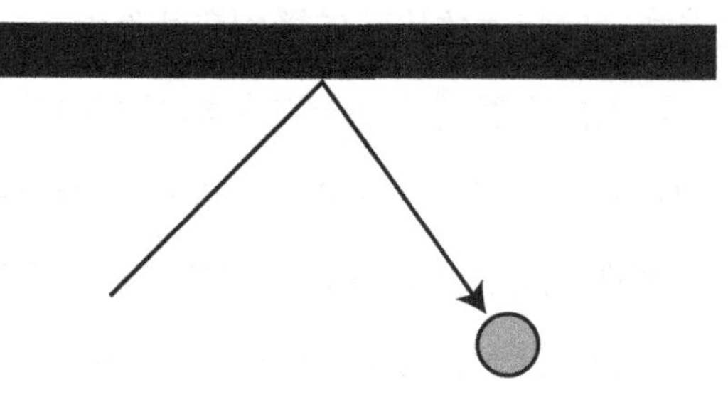

图 2.1
室内声波从界面反射，如同把一个球扔向坚硬的墙面

再加上一个角，声波或球就会发生两次反射，如图 2.2 所示。

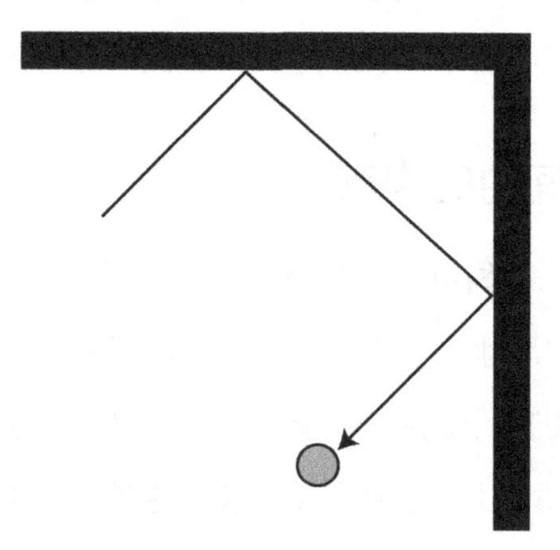

图 2.2
不论是球还是声波，多面墙意味着多次反射

然而，如果把球扔向柔软的表面，例如枕头，球要么完全停止并落在地面上，要么以很慢的速度弹回，这很像中频和高频声波的传播，它们被坚硬的表面反射，被柔软的材料吸收。吸收多少取决于表面的构成和铺设的材料。

这是简化后的解释，而声波的传播比像皮球的弹跳复杂得多。首先，乐器、歌手或者监听音箱产生的声音同时向多个方向辐射，并不像扔球一样只沿着一条路径传播。很多监听音箱都有“覆盖角”指标，它决定了监听音箱发出的声音的辐射范围，如图 2.3 所示。

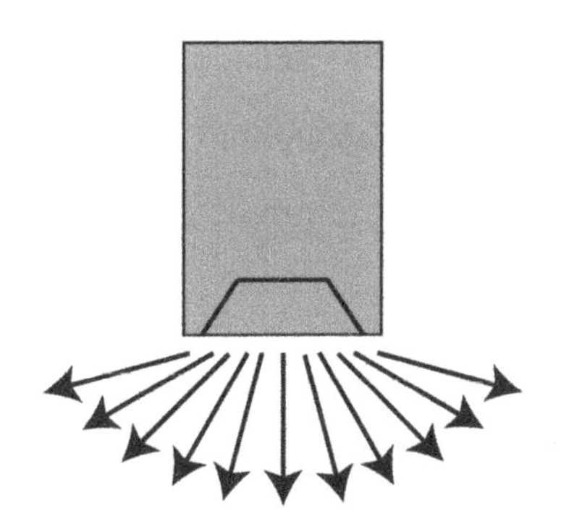

图 2.3
监听音箱发出的声音同时往多个方向辐射

另外一个重要的因素是听音者（也就是你）。如果你在音箱前面，你将听到音箱直接辐射的声音，但是你也会听到由附近的墙面和其他表面反射过来的声音，如图 2.4 所示。

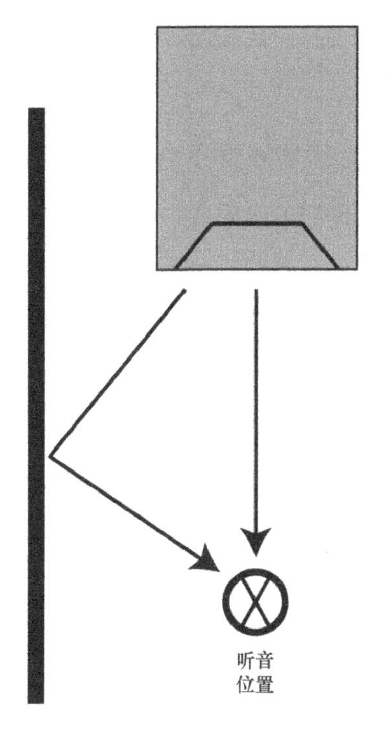

图 2.4
如果你在音箱前面，你将听到直达声和反射声

问题是你将在听到墙体的反射声之前的很短时间内先听到直接从音箱传播过来的直达声——延时有多长取决于最近的发生反射的表面离你有多远。

直达声和反射声之间的延时或者时差会导致出现我们在第 1 章中所讨论的声波的相位差。直达声和反射声叠加在一起，时差或相位差会导致声波的抵消和增强，改变你听到的音色。这就是梳状滤波器效应。如果音色变了，你就无法听到音箱发出的真实的声音了。

一次反射声

反射声里面最容易引发问题的是一次反射声——经过一次反射回来的声音，直达声到达之后大约 20ms 内反射回来的声音。声音的传播速率大约 0.34m/ms，这意味着任何在与听音位置的距离大约为 3.4m 之内的反射表面（假设声音从音箱传播到墙再反射到你的耳朵的路程大约为 6.8m）都会造成问题，反射表面包括侧墙、后墙、天花板、设备架和混音台。

不过不用担心，这并不意味着为了能够更好地录音和混音，你必须与所有表面的距离都远于 3.4m。我们可以采取一些措施减少或者消除一次反射声，使得小房间也可以正常工作。我们将在本章后部分讨论它们。

颤动回声

中高频声波和高频声波在房间内的传播可能会出现另外一个问题。如果声波在两列平行界面之间传播（例如小房间内相对的两个墙面），你通常会听到一种咔嗒咔嗒的声音，这是一种被称为颤动回声的快速的回声效果。你自己就可以检查，走进一个墙面坚硬、平行并且光滑的小房间内，边走边拍手。你将听到两面墙之间特有的快速回声。如果监听音箱或者其他任何声源被放在两面光滑、平行、坚硬的墙体之间，你也会听到这种声音，如图2.5所示。

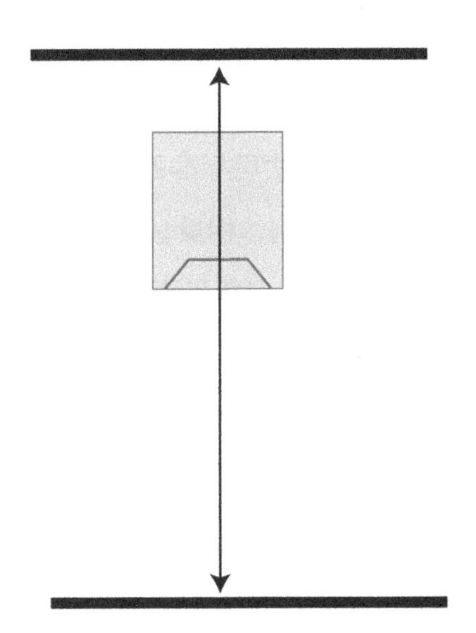

图2.5
颤动回声是由声波在两面光滑、平行、坚硬的表面之间来回反射引起的（比如墙面之间）

不仅坐在监听音箱前听音时会出现颤动回声的问题，当用话筒录制乐器声音的时候这个问题会更严重。幸好如同一次反射声一样，颤动回声的问题也很容易处理，解决这两个问题使用的是相同的处理方法。

混响衰减

在房间内的声波的一次反射阶段过后，后续的反射声将混合在一起，产生混响：当房间内的音箱或者其他声源停止发出直达声之后，房间内的声音还会持续。举个极端的混响的例子：当你在大型的体育馆或者剧场内鼓掌或者大声喊叫后会听到长长的回音。

对于大多数录音和混音工作来说，太多的混响或者太长的混响时间都是个问题——在直达声停止后，大量持续时间很长的余音使得声音很难听清楚。声音的清晰度会降低，并且会有相位问题。如果你在同一个房间内录制多种乐器的声音，每种乐器都会有很多的混响，当你把录制的多轨声音混合时，就会产生过强的混响。

房间里的混响声衰减 60dB 所需要的时间被称为混响时间 RT60。然而，很多控制室、演播室和录音间都是小房间，它们不够大，不足以形成一个具有统计学意义的混响场，无法用标准的 RT60 测量方法去测量。这并不是说在小房间里没有混响，相反，这意味着在很多小房间内，RT60 不是合适的用来测量或者衡量混响衰减的测量参数。

控制混响衰减对于保证房间内良好的响应而言非常重要。保证所有频率声音的混响衰减一致同等重要。如果高频的混响衰减与低频的混响衰减不一样，房间内将会产生特殊的噪声——高频尖锐、低频嗡嗡，或者不均匀的中频。然而，如果混响衰减太短，房间内的声音将让人感觉过干、死寂沉沉，并且音乐家和歌手会感觉不舒服，这会导致你为了弥补这些缺点而在混音中添加过多的人工空间感和混响感。

控制反射声和混响

假设我们面对的是一间有坚硬的墙面、天花板和地板的空房间，我们如何控制反射声和混响衰减？有两种不同的方法，使用每一种方法都能有效地解决一定的问题，使用两种方法的结果在一定程度上也有重叠。这两种方法就是吸声和扩散。有些工作室设计师喜欢用吸声，有些喜欢用扩散，还有些喜欢将两者结合使用，如图 2.6 所示。

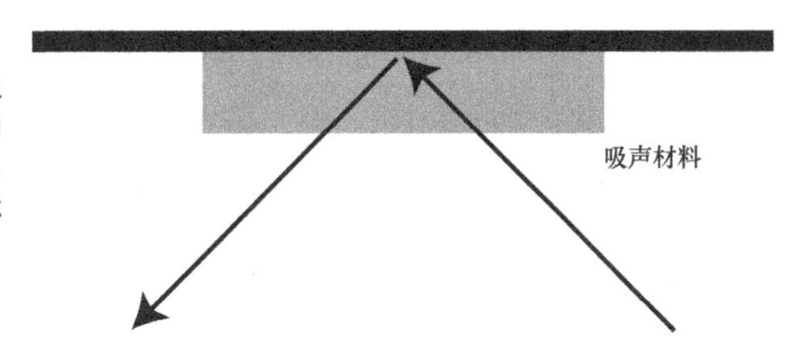

图 2.6
声波穿过吸声材料并且被反射回来。但是在穿过材料的两个方向上（入射和反射），反射声能量变小了，问题就没那么严重了

吸声

对于小型工作室、家庭工作室和项目工作室，吸声往往是控制中频和高频一次反射声、颤动回声和混响衰减最主要的方法。通常是在主要的反射点上铺设柔软的材料减少或吸收声波的能量，使得反射声的能量比音箱辐射的直达声能量弱得多。实际上，原理就是当声波穿过吸声材料时，其能量转换成了热量。

中频和高频声音最容易吸收，而如果要有效吸收低频能量需要大量吸声材料，所以它们的处理方法不一样。我们将在下一章中详细讨论这个问题。

高频与低频相比能量少，所以可以用薄的、柔软的材料吸声。频率越低，需要使用的吸声材料越厚——附带的好处是这些厚的材料对控制高频更有效。

那么哪些材料有用呢？很多公司大批量生产专门用于吸收中频和高频声波的声学泡沫。不要把这些被称为开孔泡沫的声学泡沫和其他各种包装泡沫或者相似的材料相混淆。两者之间最重要的差别是与包装泡沫相比，声学泡沫在控制反射声和吸声方面非常有效。另一个差别是声学泡沫通常是阻燃的，这很重要，因为某些类型的泡沫易燃，对于住宅和商用都不安全。

玻璃纤维是另一种常用的吸声材料。像欧文斯 - 康宁玻璃纤维

7000 系列（Owens-Corning 7000 Fiberglass™ series）这种硬质的材料使用起来效果比较好，不过轻软材质的玻璃纤维也有用处。当然，玻璃纤维具有刺激性气味，必须把它覆盖起来以免散发到空气中。

其他柔软的材料也可以吸收中频和高频的声音。枕头、窗帘、毯子、地毯、家具等都在某种程度上有吸声作用。我们将在接下来的章节中讨论上述这些材料的使用方法。

过犹不及?

使用吸声材料看似很简单。你仅需要在工作室的墙上、地板和天花板上放上吸声材料，然后就好像可以开始制造噪声了。

但事情没有那么简单。很多类型的吸声材料只对高频声音有效，而对四处反射的中频声音不起作用。这将导致一种奇怪的、暗淡的缺少高频的房间听感。高频声波吸收太多，中频声波和高频声波减少的同时，低频声波却四处反射，导致嗡嗡的低频加重浑浊不清的房间听感。

过度的整体吸声，会让房间变得太沉寂，在里面工作的人会感觉不舒服。根据我的经验，大多数房间需要的吸声比我们预想中更少。通常的做法是使用数量合适的吸声材料控制一次反射声和混响衰减。记住，如果房间依然太活跃或一次反射声减少的程度不够，你可以使用更多的吸声材料。

适量吸声的第一个关键要素是平衡，对中频和高频足够的吸声，搭配上对低频足够的吸声，最终获得平衡的房间响应和全频段均衡的混响衰减。第二个关键要素是在合适的位置，放置吸声材料，从而使它们更有效。

扩散

吸声是运用各种材料吸收声波的能量，从而降低声能；扩散则是使声波散射，将单一方向的反射变成往很多方向的反射（如图 2.7 所示）。因为听音位置没有过强的反射声，一次反射声的问题也减少了，并且由于扩散材料的形状不规则，颤动回声被消除了。尽管混响无法完全消除，但是扩散和散射会使得混响比较弱而且更平滑。

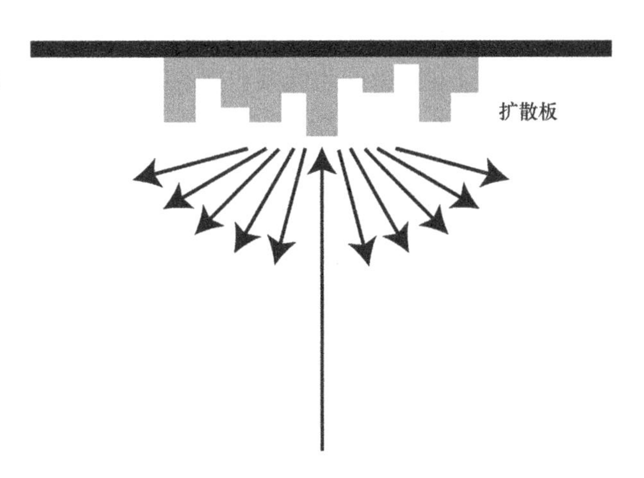

图 2.7
扩散使得入射声变成往很多方向扩散的反射声

尽管任何不规则的表面都会在一定程度上使声音散射，但是科学的、经过计算的全频段均衡的散射需要专业的扩散材料。这种科学的扩散体很难自己制造，并且有效的商业产品可能有点贵。有一些不太贵的现成的扩散体，对高频声音很有效。还有一些其他的可用的材料，尽管它们的效果没有那么好而且也不能对全频段都起作用。

对于大多数家庭工作室和项目工作室而言，我们主要的关注点在吸声方面，但扩散也有用。我们将在第 5 章“声学处理”中介绍一些扩散技术和扩散材料。

第 3 章
低频下限

处理中频和高频的声音相对简单，我们很容易弄清楚这些声波将往哪里传播及如何控制它们。解决低频的问题则难度大很多。

大多数录音师都认为低频产生的问题比中频和高频多。如果房间内有低频问题，混音中几乎不可能把低频混好。由于听到的低频过少，你可能会在音轨或者混音里加入过多的低频；或者相反，由于房间声音浑浊不清，你以为低频足够了，但实际上低频并不够。如此一来将导致你的混音作品无法被良好地传播。当你在自己的录音棚里播放自己制作的音乐时，它们听起来不错，但是在汽车音响上、家里的立体声音响上播放，或者用音乐播放器播放时，声音听起来就不对了。

更糟的是，在房间中不同的位置低频响应变化很大，仅移动几厘米就会导致完全不同的低频响应。低频响应的差异在 15dB、20dB 甚至 30dB 以上都不足为奇。此外，这些变化可能在每秒几个周期内发生。

虽然听起来很糟，但是不要害怕，一旦我们理解了房间内产生低频问题的原因，我们就可以找到解决问题的办法。

房间模式和驻波

在房间内，低频声波在两面墙之间的反射导致了驻波的产生，这被称为“房间模式”“振动模式”“共振模式”，或者“简谐模式”。准确来说，尽管所有的模式都会导致驻波的产生，但是驻波并不一定是某种模式。产生驻波的原因有些微妙，但并不会影响我们处理房间的方式。

某种房间模式会发生共振，或者使得某个频率突出。此外，一种共振模式会导致某个特定的频率的混响衰减时间变长，现有研究发现对于监听和录音来说，这导致的结果并不只是简单的声压级升高，问题会更复杂。与共振频率成倍频程关系的那些频率的声压级也会升高。假设 50Hz 这个频率共振，那么 100Hz、150Hz、200Hz 等频率都会有问题。实际上，低频以上的所有频率范围都会发生共振。但是，高到 200 ～ 300Hz 频率范围时，共振频率之间比较接近，相对比较均衡。对于高频的声音，梳状滤波效应和相位抵消远比房间模式引起的共振更明显。

房间模式由它的 3 个尺寸决定：长、宽和高。正如我们前面讲到的，每个共振频率的倍频程关系的频率成分也都会有问题。所以，考虑房间的 3 个尺寸，你会发现房间的低频响应会很复杂、变换很快。图 3.1 是本书作者工作室中的一个小录音间的低频响应曲线。箭头表示理论计算出的房间模式和测量出来的房间频率响应的峰和谷相一致。

不论你的房间有多大或者多小，都会有共振模式，没有简单的消除它们的办法。小房间通常会出大问题，是因为房间内共振频率的分布。扩大房间尺寸可以减少房间共振，房间变大以后共振频率会降低。你也可以使房间的 3 个尺寸不成比例，从而使共振频率的分布更均匀。我们将在下一章中更多地讨论房间的尺寸。

然而如果你在一个已经装修好的房间里工作，改变房间尺寸并不容易，这是大部分家庭工作室和项目工作室共有的问题，除非你正在对你的工作室进行重新装修或者大规模的改造，或者可能将临

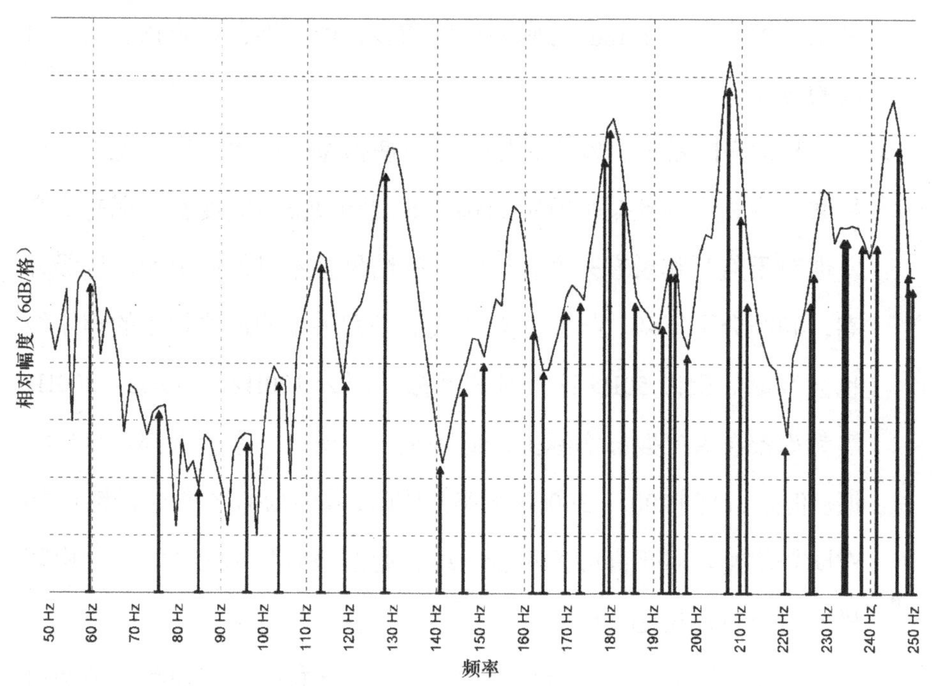

图 3.1
一个长 2.9m、宽 2.0m、高 2.3m 的房间在 250Hz 以下的共振频率（由傲世声学公司提供）

近的空间打通，连接起来。

3种房间模式

每个房间实际上都有 3 种房间模式。

1. 轴向共振。声波在 2 个平行的面之间反射。

2. 切向共振。声波在 4 个面之间传播和反射。

3. 斜向共振。声波在 6 个面之间传播和反射。

轴向共振的问题最大，从某种程度上说切向共振次之。在多数情况下斜向共振问题不是很大，因为斜向共振多发生在高频，而且衰减得很快，多数时候你可以忽略它们，除非你的房间 6 个面都是坚硬的混凝土结构。

为什么房间内各处的低频不同

房间内各处共振频率不同将导致房间内一些位置的声波互相严重干涉，导致声音加强或者抵消。这就意味着房间内的共振模式存在空间因素。换言之，你的监听音箱放置的位置和你监听的位置都会使你监听到的低频有很大的差异。这很容易证明，播放低频纯音并四处走动，在房间靠墙、房间角落、房间前面、中间及房间的后部听一听就能发现这个现象，你会在不同的地方清晰地听到低频的变化。图 3.2 展示了前面我们已经看过的那个录音间的低频响应。我们还可以看到在录音间内 3 个不同的位置上测量上的频率响应。第 1 条曲线是把话筒放在通常给站着的歌手录音时的位置处。第 2 条曲线表示的是把话筒放在录制吉他音箱的位置，音箱是 4 × 12 的（4 只 12 英寸扬声器）——

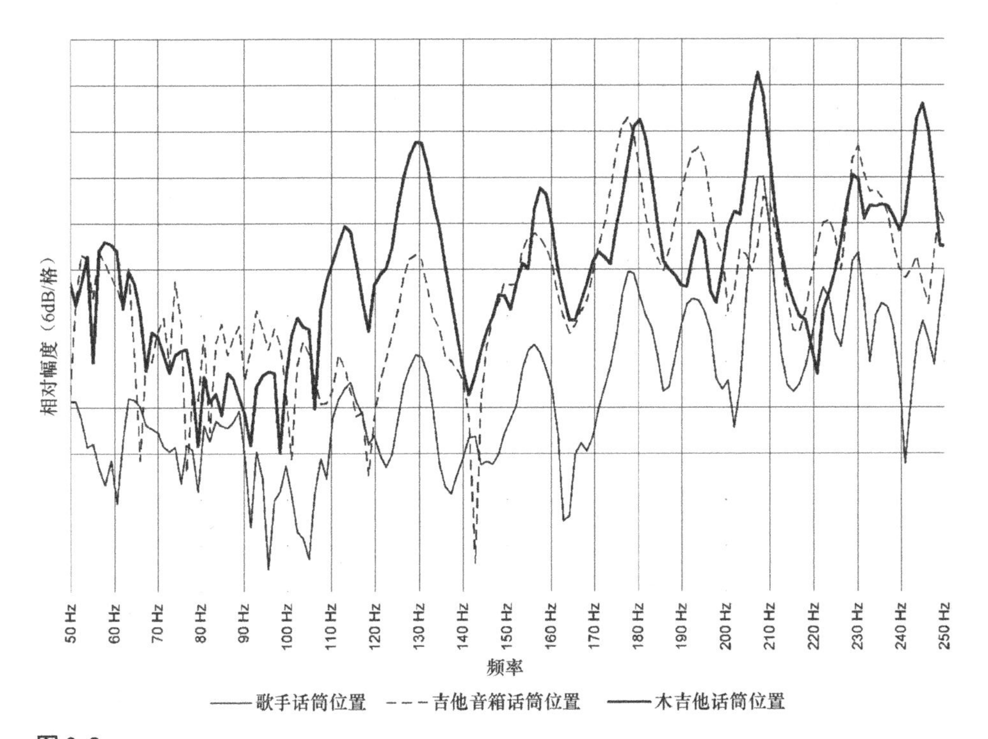

图 3.2
对于某些频率成分，不同位置的频率响应差异最高可达 27dB（由傲世声学公司提供）

靠近地板，与音箱之间的距离大约为 0.3m。我们看到的第 3 条响应曲线是将话筒放在通常录制钢弦木吉他的位置——话筒放置的位置朝向吉他第 14 品。

低频下限共振频率容易发生在墙角和靠近墙的位置。因此，如果可能，不要把监听音箱放在墙角附近，最好放在远离墙的位置。在图 3.3 中，我们可以看到，在作者未经处理的工作室的控制室中，在录音师监听位置（最佳位置）的低频响应的测量结果；在录音师身后几米远处制作人监听位置的频率响应测量结果；以及在靠后墙位置的频率响应测量结果。图 3.3 中圆圈显示了靠后墙位置处某些特定频率发生了共振。

房间声学处理的目的是减小房间频率响应的峰和谷，并且使不

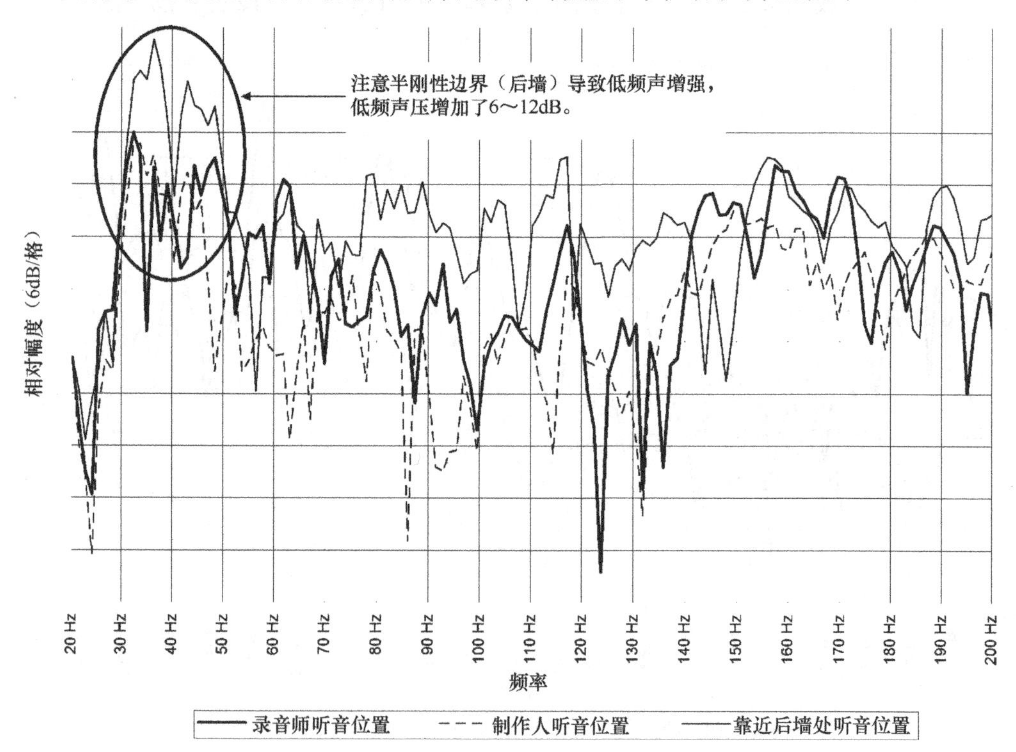

图 3.3
在房间中 3 个不同位置处测量的低频响应（由傲世声学公司提供）

同频率的混响衰减均衡。想要把所有频率的响应都填充拉平几乎不可能，我们能期望的最好的结果就是经过仔细处理后将峰和谷减小到 ±6 ～ ±10dB 的范围。但这已经在“足够好”的范围之内了，我们的耳朵可以自我调节并且感受到声学处理的效果。

即使房间内不同位置的不同共振频率会产生不同的峰和谷，处理一个位置的一个共振频率，也会对其他的有作用——峰和谷是问题的“症结”所在。最本质的问题就是共振频率，在把共振频率处理好之后，所有的“症结”就都会被解决。

低频陷阱

如果你有一个规整的矩形房间，房间里没有壁龛、凹室、切口或者其他不规则的形状，那么你很容易计算出哪些频率会有共振。公式很简单：共振频率的基频（F）等于音速（约为 340m/s）除以 2 倍的房间尺寸（D），即

$$F=340/2D$$

所以，如果房间宽度为 3.4m，共振将发生在 50Hz 处（340/6.8）。记住，基频之上的“谐频”，如 100Hz、150Hz、200Hz 等也会发生共振。

如果你的房间尺寸与规整的矩形相差很大，计算共振频率就比较困难。不过主要看采用什么处理方式，处理低频共振不一定非要清楚地知道房间模式。

使用低频陷阱可以影响一个房间的低频响应。低频陷阱有两种不同的类型。第一种类型的低频陷阱是亥姆霍兹共鸣器。设计原理很简单，一个大箱子有一个小开口就会对某一特定频率产生共鸣。想象沿着汽水瓶的顶部吹气，瓶口会发出声音。任何落入低频陷阱频段的声波都会引起箱体内气体的往复运动，声波的能量被消耗到箱

体内的空气中，从而将房间内特定频率的声波能量除去。板式或膜式陷阱是亥姆霍兹共鸣器的变种，使用木板来对低频响应进行共振。

亥姆霍兹共鸣器和膜式陷阱都是为解决特定频率的问题而设计和制作的。为了获得更加宽广的频率响应，可以对设计稍作调整，但是，调谐吸声体通常是针对某个特定频率的。如果设计和安装正确，这些陷阱会很有效。但是找到合适的陷阱通常要花费一些时间，并且如果你不擅长木工，制作陷阱对你来说会很难。虽然有调谐吸声体成品可用，但往往比较昂贵，而且它们在你的特定房间内是否有效也是个问题，除非你真的把房间的共振频率都计算出来。

第二种类型的低频陷阱在家用录音棚和项目录音棚中应用更普遍——宽频带吸声体，专业上称之为多孔吸声体，因为空气中的声波能够穿入吸声材料内部，并且在里面转化为内能。宽频带吸声体是一种放置在适当位置处并且用于控制宽范围频率的大而厚的吸声体。宽频带吸声体的好处是同时覆盖了较广的频率范围，很多宽频带吸声体有助于控制中频和高频，不好之处是用于极低频率的吸声体通常都相当大。从积极的方面看，宽频带吸声体易于建造和安装，并且有价格不太贵的现成的成品可用。

我们将在第 5 章“声学处理”中更多地讨论低频陷阱。

会不会吸收得太多了?

那么有没有可能在一个房间里放置了太多低频陷阱，把低频声音全部都吸收了？不太可能。即使你处理了所有的墙与墙之间的角落、墙与天花板之间的角落、墙与地板之间的角落，以及所有两面墙和天花板之间的连接处，也不太可能将一个小房间的低频过多吸收。与之相反，如果在角落使用玻璃纤维板或者泡沫低频陷阱，可能为房间增加了太多的高频吸收。在这种情况下，使用一侧带有金属饰面的玻璃纤维板将有助于恢复一些高频。

第 4 章

黄金三要素

录音棚声学环境设计最重要的 3 个方面分别是：房间尺寸、形状和声学材料装修，它们被称为黄金三要素。

说到好的声音，并不是所有的房间都一样。房间的尺寸会导致产生较大的差异，房间形状有较大的影响，并且房间的 3 个尺寸之间的比例也有很大的影响。

遗憾的是，我们中多数人无法控制我们可用的录音棚的房间尺寸。通常选择哪间房间作为录音棚取决于哪个房间使用最少，以及你的丈夫或者妻子是否能够容忍。

不过，了解一点为何有些房间比另一些房间更适合做录音棚没有坏处。此外，或许有一天你拥有了资金可以专门建造一个录音棚，如果读过这本书，你就可以随时开始建造了。

房间尺寸

虽然房间尺寸并不是录音棚设计的全部和最终目的，但有些经验“规则”可以为工作室或者录音空间提供一个良好的起点。

1. 最糟糕的房间尺寸就是正方体，例如房间尺寸为 3m 长、3m 宽、3m 高。为什么呢？这样完全一样的 3 个尺寸将导致产生完全一样的共振频率！回顾上一章，试想把所有的问题都乘以 3。由于共振频率一致并且互相干涉，频率响应会产生巨大的峰和谷。只要你有任何其他的选择，就要避免控制室或者录音室是正方体。

2. 第 2 差的房间尺寸是底面是正方形，例如，一个长和宽都是 3m 的房间，高度是 2.5m。这种 3 × 3 的尺寸将会导致 2 个维度的房间模式相同，从而增加房间的低频问题。

3. 同样糟的情况是房间内 2 个或者 3 个维度的尺寸互相之间成整数倍关系。例如，房间尺寸为 4.8m 长、3.6m 宽、2.4m 高。4.8m 的长度可以被 2.4m 的高度整除，因此两者将有相同的房间模式。更糟的情况例如房间尺寸为 9m 长、6m 宽、3m 高，3 个尺寸都是 3 的整数倍，都会产生相同的房间模式。

4. 有些录音棚设计师会根据特定的比例设计房间的尺寸。在录音棚设计中有一个多年来常见的比例即黄金分割比例——0.618，有些人认为这是使房间共振频率均匀的理想比例。例如，房间尺寸为长 5m、宽 3m（比例为 5∶3），长 8m、宽 5m（比例为 8∶5）都比较接近黄金分割比例。如果房间的 3 个尺寸比例接近黄金分割比例，例如长 8m、宽 5m、高 3m（比例为 8∶5∶3），房间的共振频率会比较良好地均匀分布，如图 4.1 所示。

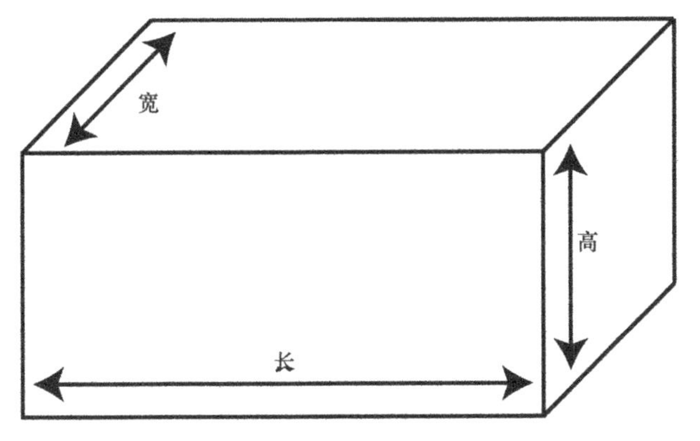

图 4.1
长宽高合适的房间尺寸比例可以获得全频段范围内令人满意的房间共振频率分布

虽然常年来黄金分割比例被认为是理想的，但是随着对计算机的运用，人们发现其他比例在某些情况下可以使得房间的共振频率分布得更好，并且同等重要的是，对于已经建造好的房间也有效。当你租用了一个商用房，并且必须在那里建造一个合适的工作室、发挥该区域的最大潜力时，这一点就很重要。

总之，你最好让你的房间尽量大，并且有可用的合适尺寸。当你想在一个更大的房间里增加一堵墙以便拥有一个独立的录音间时，请记住这一点。从房间尺寸的角度看，保留一个既可以作为工作室也可以作为控制室的大房间更好。

我以前的一个工作室就是一个大房间。在只有一个房间的录音棚内工作时，完成音轨之间的隔离有点困难，并且在录音的时候你必须使用耳机监听，好处是在进行混音和多轨分期录音时，录音师、制作人（如果有）和音乐家（们）在同一个房间内。如果有多位音乐家，尤其是当有些音乐家没有太多的录音棚录音的经验或者不习惯进行多轨分期录音时，他们同时在一个房间内演出效果会更好。很多音乐家进入有独立的录音间和控制室的录音棚时会产生“成为焦点”“在聚光灯下”的感觉，而在只有一个房间的录音棚内时，这种感觉会减弱。

房间形状

从前面讨论的房间尺寸来看，房间的平面最佳的形状是矩形。实际上，形状合适的非矩形房间也有优点，但是建造这样的房间超出了本书范围。在理想情况下，矩形房间的尺寸比例应该满足或者接近能够产生最佳共振频率分布的房间尺寸比例，至少 3 个尺寸之间不成整数倍关系。

房间一面墙凹进去、矩形房间一面倾斜的墙被截断了一部分、管道从天花板延伸下来、墙上“凹凸不平”等，所有这些都会导致共振和反射问题。为了获得最佳效果，这一空间应尽可能面向录音师最佳听音位置对称。换言之，如果房间不对称，最好保证不对称的区域位于录音师听音位置的后方。注意那些会把声音反射回最佳听音位置并导致问题出现的曲面和角度。

房间材料

即使你用卷尺仔细地测量了房间的长、宽和高，发现你的房间尺寸互相之间呈整数倍关系或者完全不接近黄金分割比例，或者不接近你使用的其他任何评价标准，你都不要感到沮丧。

在以前，英国广播公司确定 42.5m³ 的容积是用于监听录音棚的最小尺寸。在这个房间体积下有多种建议的房间尺寸，例如 5m 长、3m 宽、3m 高，或者大约 5m 长、3.7m 宽、2.4m 高。不过时代不同了，现在我们已经有很多非常有效的声学材料可用。更重要的是，现在我们有更多关于如何解决房间声学问题的知识。我们中的大多数人都在比这个尺寸小得多的房间内创作音乐，结果都还可以。客观地说，吉尔福德（Gilford）在 1979 年的音频工程学会期刊上发表了《对白录音棚和监听室的声学设计》，讨论了最小尺寸 42.5m³ 的问题，并且英国广播公司对他们制定的房间容积规范有充分的依据。虽然有这些权威的说法，但我们还是可以忽略它们。

只需要一些思考，然后进行一点声学处理，你就可以使几乎任何尺寸的房间中的声音听起来都非常准确，并且将制作出很好的录音作品和可交流的混音，将这些标准的混音放在其他的录音棚里听也能得到一样的效果。

第 5 章
声学处理

现在我们已经弄清楚了导致房间声学问题的原因，现在我们关注可以使用什么材料来解决这些问题。好在你可以轻松地自行制作或者安装多种类型的声学处理材料，难度很小或者没有任何难度，不需要花费太多时间，也不需要太多木工技能。当然，想要制作得看起来“专业”一点，那就需要一些关于如何使用工具和材料的知识。

你不是世界上手艺最好的人怎么办？毕竟，你是音乐家或者录音师，不是木工或者家具工匠。别担心，有很多公司都很乐意为你提供你需要的任何价位的声学处理材料。

为什么不直接使用均衡处理？

因为这个问题总是出现，所以我们先把这个问题弄清楚。在某种程度上我们都喜欢高科技，我们喜欢使用电子的录音设备和一些小工具，那么我们为什么不使用高质量的参数均衡器使得音箱在房间中发出的声音效果良好呢？答案是：当然，你完全可以使用这种方法！我认识一个纳什维尔的录音棚设计师，他有一整套自己设计的用于均衡房间的设备系统。我和他的很多客户聊过，他们都对结果很满意。

有一些监听音箱内部有内置的可供使用的参数均衡器，JBL 的 LSR6300 和 LSR4300 系列监听音箱都支持这个功能。LSR4300 系列更是可以智能地指出哪些频率最需要被均衡及这些频率需要衰减多少。除此之外，有些有源监听音箱有内置的低频或者高频滤波器，有些两者都有。如果你把监听音箱放置在靠近墙的位置，就可以对低频滤波进行补偿。如果房间里的声音响应过于暗淡，就对高频进行一些提升，从而使声音听起来效果不错。

当使用这种均衡器的时候，有几件事情需要注意。首先，均衡会导致信号的相位失真，而这是我们不希望看到的结果。大多数录音师希望录进来的音频信号尽量“干净”。尽管音箱均衡不会被录进音轨或者混音里，但是你监听到的是经过均衡后的声音，你可能会因为监听音箱的均衡所导致的声染色而进行不必要的音色补偿。

其次，房间共振频率在很窄的频段内，窄到只有一个频率（单频）。很少有均衡器能够只处理这么窄的频段，所以有可能会使得不需要处理的一些临近的频率被提升或者衰减。

源于我们在第3章的内容中了解的，均衡会产生一个更大的问题，房间里不同位置的低频响应不同。假设你正在对监听音箱进行均衡，目标是使在最佳听音位置的声音听起来效果不错。这时你发现最佳听音位置正好有问题，某个频率在此非常突出。所以你为了平衡声音就使用均衡器对那个频率进行了衰减。最佳听音位置的声音听起来好多了，但是只要头部向旁边移动几厘米，你就会发现你所在位置的频率响应在那个频率处有下陷，这是你为了矫正最初的最佳听音位置的声音而进行的均衡所导致的，事实证明问题又被加重了。

最近的研究表明，共振频率的衰减（混响）时间与能量变化（峰值和低谷）都是大问题。均衡对降低衰减时间一点用也没有，因为均衡只能衰减或者提升某个特定频段的能量。

那么应该使用均衡器吗？如果你喜欢可以试试，你会发现它有一定的作用。但是你要清楚一个好的均衡器花费不少，因此成本会增加。相比之下，想想用这些钱你可以制作多少宽频段的吸声体？

我的建议是进行声学处理使房间声音听起来尽可能效果好，这样更合适。你会发现在听音位置并不需要进行任何均衡处理。或者一旦你进行了适当的声学处理，尤其是房间内全频段的混响衰减处理均匀了，你可能会进行更多的调整以得到最终的一点修正。

这里有一个小窍门，如果你决定使用监听音箱均衡系统，我建议你仅用它进行衰减，不进行提升。进行提升可能会使功放过载，并且有可能烧坏驱动。更重要的是，事实证明对于低频抵消来说，进行提升并不能给予多少补偿。

不过我敢打赌，只要对房间进行了适当的声学处理，你就会觉得没必要买均衡器了。

高频吸声体

几乎任何柔软的东西都对高频有一定程度的吸声能力。当然有些材料比另外一些材料吸声能力更强。一般家用的对中频和高频有吸声能力的材料包括窗帘、毯子、枕头、衣服、地毯等。正如我们将在第 10 章“零成本的家庭工作室方案”中讲到的，如果只有一点预算或者没有预算，就可以充分利用这些材料进行吸声。即使已经用其他材料对房间进行了声学处理，给窗户装上厚一点的窗帘或者在周围放些枕头可以对房间进行更多的吸声。

玻璃纤维

在自己制作吸声体时，性价比最高的材料之一是玻璃纤维，尤其是硬质玻璃纤维。松软的玻璃纤维，就像在阁楼上铺的那种东西，也有它的用处，比如用来填充空间或者将其装在吊顶上。但是硬质玻璃纤维更易于使用，可以制作成面板铺设在任何需要吸声的地方。此处谈论的硬质玻璃纤维板厚度可达 12.7cm，通常为 0.6m × 1.2m 或者 1.2m × 2.4m 的面板。它的一侧有没有金属面都可以，在某些应用中有金属面更好，金属面可以减少一点高频吸收，它对高频起反射作用，如果房间中的声音变得太沉闷，这就很有用。对于喜欢自己制作的人来说首选的硬质玻璃纤维板是 Owens Corning700 系列，特别是 703 型和 705 型。

硬质玻璃纤维板易于使用。如果有必要可以对其进行切割，并且硬质玻璃纤维板有多种安装方式，包括把它们放在架子上或者用钉子简单地钉在墙上。

当然，使用玻璃纤维板有一些注意事项。玻璃纤维板释放的任何纤维都有刺激性，并且会引发瘙痒。小心点，不要吸入玻璃纤维！在安装玻璃纤维板的时候应穿长袖衬衫戴手套保护胳膊和手，并且戴上口罩，这样就不会吸入任何纤维了。为了录音棚内所有人的安全，你必须用织物覆盖玻璃纤维来保证没有人会接触到原材料。粗麻布是一种常用的选择，但不管什么织物都必须能够使声音穿透并且被玻璃纤维吸收。Acoustone 声学公司的音箱布是一种格栅布的原料，也可用于覆盖玻璃纤维板；Guilford 公司提供的是另一种可“透声”的织物原料。可以将粗麻布简单地剪切成形并且粘在玻璃纤维板上。没必要把玻璃纤维板的后面用织物全部包裹住，如图 5.1 所示。

图 5.1
因为将玻璃纤维面板的后侧贴在墙上，所以没有必要把它整个软包起来

如果你不想自己做包裹玻璃纤维原材料这件事情，很多公司都售卖已经用织物包裹好的玻璃纤维板，包括 RPG、傲世声学、Acoustics First、Acoustical Treatments 等。其中一些公司，比如傲世声学公司的产品以美观的、有斜角的、坚硬的边缘为特点。

声学泡沫

如果你不想自己制作又买不起包装好的玻璃纤维板，声学泡沫是一个不错的选择。声学泡沫的价格比包装好的玻璃纤维板便宜很多，而且非常容易处理。你可以把它简单地粘在墙上，或者，如果你不想长久地使用它，你可以把声学泡沫粘在光滑的板上，然后将其像画一样挂在墙上。我曾经甚至用图钉把声学泡沫板挂起来。用小刀把声学泡沫板切成小块很容易，我也曾经使用一把大剪刀和面包刀对它进行切割。

不同厚度的声学泡沫板都可用。傲世声学公司甚至还提供一种 0.3m 厚的声学泡沫板作为低频陷阱使用。声学泡沫板越厚，低频吸收越多。通常声学泡沫板的尺寸为 0.6m × 1.2m，也有其他尺寸的声学泡沫板。声学泡沫板表面通常被雕刻成锥形、楔形或其他形状。这种雕刻不仅是为了美观，锥形和楔形的雕刻增加了声学泡沫板吸收斜向共振频率和切向共振频率的效率。对于这两种共振模式，声波以某种角度入射到声学泡沫板上，在锥形或者楔形声学泡沫板中传播意味着能够有效穿过更厚的吸声材料。

我曾经使用声学泡沫板处理过很多录音棚，效果很好。在网络论坛上，偶尔会看到对声学泡沫板的诟病，但实际上，使用它进行声学处理是一种有效、简单、廉价的解决房间声学问题的方法。事实上，就如表 5.1 所示，10cm 的声学泡沫板和 5cm 的硬质玻璃纤维板的声学性能几乎一样好。许多公司都提供声学泡沫解决方案。

声学材料评级对比

当你对那些用于录音棚声学装修的声学材料进行对比的时候，一个可用于比较的基准就是降噪系数（NRC），它反映了材料的整体性能。为了确定某种材料的 NRC，专门进行测量的实验室需要测量某混响室的频响，然后把这种材料铺设在房间内，再次进行测量。计算 250Hz、500Hz、1000Hz 和 2000Hz 这几个频段的平均吸声量，并且在 0.05 范围内对数值进行四舍五入，实验室就得到了声学材料性能图。然而，由于 NRC 显示的是整体性能，而不是针对特定频段，所以对于我们来说不太有用。

更有用的对比基准是使用吸声系数，它显示了吸声材料对不同频段声音的吸声能力。

傲世声学公司的 3 种吸声产品对多个倍频程声音的吸声系数和整体 NRC 数值见表 5.1。

表 5.1　吸声系数数值

	125	250	500	1000	2000	4000	NRC
2.54cm 厚声学泡沫板	0.10	0.13	0.30	0.68	0.94	1.00	0.50
10.16cm 厚声学泡沫板	0.31	0.85	1.25	1.14	1.06	1.09	1.10
C24 5.08cm 厚玻璃纤维板	0.42	0.89	1.12	1.07	1.10	1.09	1.05

（数据来源：傲世声学公司）

与任何测试数据一样，NRC 和吸声系数提供的信息只是帮助你缩小搜索范围。当然，这并不是你要考虑的唯一问题。将它与其他因素结合在一起来做决定，例如产品使用的便捷性及将其安装到墙上的便捷性等。

宽频带吸声体和低频陷阱

正如上一章所讨论的，有多种不同类型的低频陷阱和宽频带吸声体。与高频吸声体一样，有多个公司的成品可用，从泡沫和玻璃纤维吸声体到木质面板陷阱，再到薄膜谐振器。

自己动手制作

有多种方法可以简单地制作自己的低频陷阱。最简单的解决方案是买 1 捆或 3 捆松软的玻璃纤维，把它们堆放在房间的墙角。尽管这种方法效果好，但是看起来不美观并且会占用一些空间。

对于许多家庭工作室和项目工作室，我们更倾向于美观、廉价并且简单的解决方案，那就是使用硬质玻璃纤维板。把用织物包裹的硬质玻璃纤维板放在房间的墙角处，就形成了非常有效的宽频带吸声体。这种处理主要针对墙与墙之间的角落，但你也可以将其放在墙与天花板之间的角落，甚至将其放在地板与墙之间的角落，不过你必须特别小心，不要让客户和来访者踩到它们。为了让吸声效果达到最好，你可以把硬质玻璃纤维板放在墙与墙和天花板的三角连接角落处。也可以把硬质玻璃纤维板钉在墙上，或者在墙角打龙骨架后在上面铺设硬质玻璃纤维板。示例如图 5.2 所示。

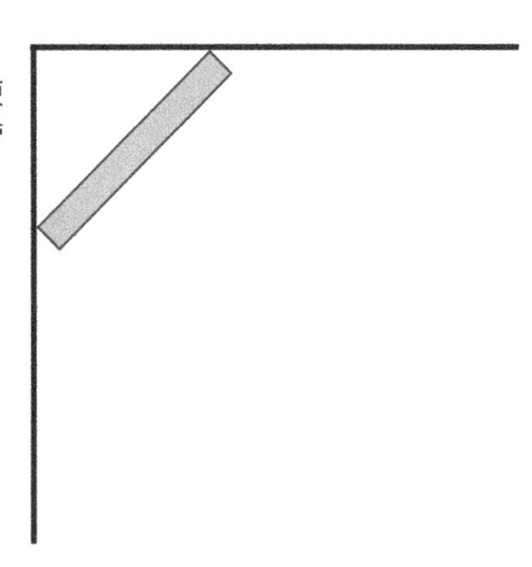

图 5.2
安装在墙与墙的角落里的硬质玻璃纤维板形成了宽频带吸声体

使用硬质玻璃纤维板的另一种解决方案是把每块 0.6m × 1.2m 的硬质玻璃纤维板切割成 4 个三角形，然后在地板到天花板的各个角落处把它们一片一片地堆叠起来，然后在每一堆硬质玻璃纤维板的前面包裹织物。这样做的最终效果是一个填满了吸声材料的角落，它形成了一个有效的低频陷阱，如图 5.3、图 5.4 和图 5.5 所示。

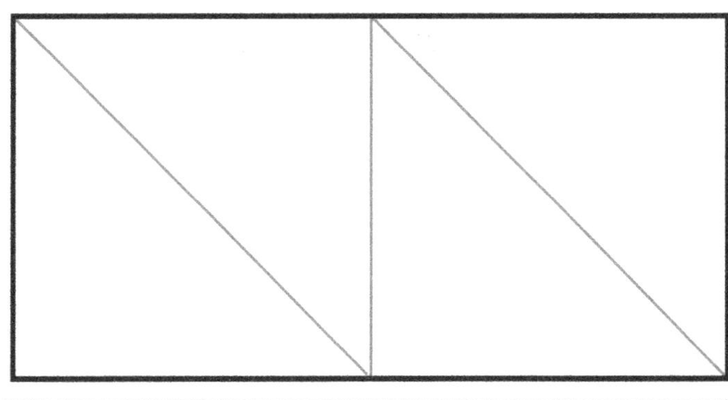

图 5.3
将一块 0.6m × 1.2m 的硬质玻璃纤维板切成 4 个大三角形

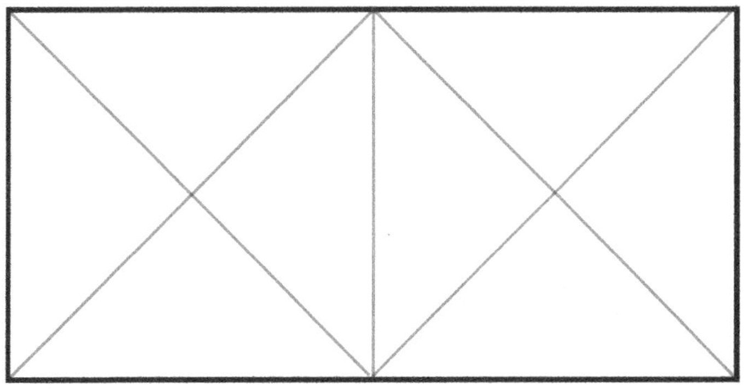

图 5.4
一块硬质玻璃纤维板也可以被切成 8 块小三角板

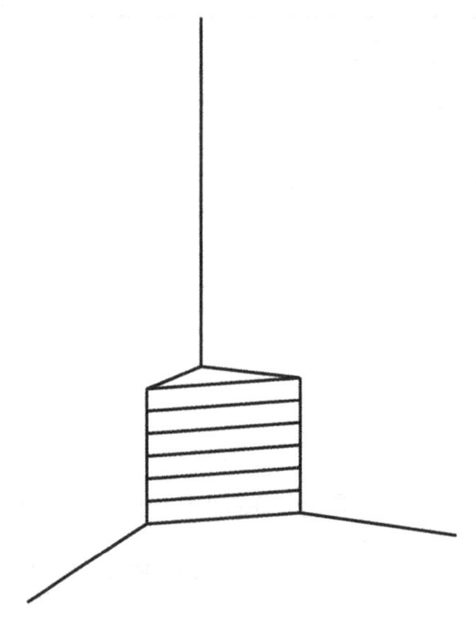

图 5.5
在地板与天花板之间的角落堆叠硬质玻璃纤维三角板可以形成一个很好的低频陷阱。在堆叠的硬质玻璃纤维板前面包裹织物，防止玻璃纤维扩散到房间里

商业成品

使用成品低频陷阱和宽频带吸声体，有很多方案。RPG 和 StudioPanels 公司生产调谐谐振器陷阱。RealTraps 公司生产了安装在角落里的几种不同的低频陷阱板，类似于前面讨论的玻璃纤维板。

包括 Primacoustic 和傲世声学在内的几家公司生产了可以放在房间角落处的经济实惠的泡沫低频陷阱，尤其是傲世声学公司生产了多种在很宽的频段范围内工作的泡沫低频陷阱。泡沫吸声体起到宽频带吸声体的作用，因为它们是泡沫，还有助于控制房间的混响衰减和高频。傲世声学公司还生产用织物包裹好的玻璃纤维板，并且斜切边缘有利于利落地将其安装在角落。ASC（Acoustic Science Corporation）生产了管状陷阱，可以安装在角落作为低频陷阱。

成品低频陷阱的优点是使用方便。只需要把它们安装在角落处就可以了，有些甚至只是放在角落处就行。

扩散

自己制作扩散体比较困难。在房间的墙上安装或者堆叠物品可以使声波在一定程度上反射到其他方向上去，如图 5.6 所示。但是真实的扩散是基于数学计算科学的散射声波，这是很难实现的。

图 5.6
有些工作室里放一个装满书的书架，这可以作为一个有用的“伪扩散体”。虽然并不会真正地扩散声波，但声波会被书籍反射到不同的方向

自己动手改变声音反射方向的方法包括在墙上安装曲面或者有角度的木板，还包括靠墙放一些厚度不规则的物品，类似二次余数扩散板。本章后面会讲到“二次余数扩散板”。一种常见的方法是在你想要扩散的位置靠墙放置书架，在书架上放深度不同的书。你不会获得“真正”的声波扩散，但这样可以打乱原来声波反射的方向，将其反射到多个方向上去。我曾经在录音棚中使用过这种方法，并且它确实提供了一种可行而且经济的方案。

商业解决方案

有很多公司制造的扩散体都可以安装在个人工作室。傲世声学

公司生产了一些实惠的扩散器，用轻质塑料制作成各种形状。很多产品都被制作成标准的 0.6m × 0.6m 的尺寸，正好放进龙骨吊顶里面。Primacoustic 公司也制作了“Polyfuser”（一种扩散体），它结合了不同的椭圆形形状用于扩散声波，兼具低频陷阱功能。

二次余数扩散板

RPG 是首先制造二次余数扩散板的公司之一，他们运用数学公式在扩散体的表面产生随机的样式。其想法就是把井状、块状、条状的木头或者其他材料排成一个序列，每一种序列都有不同的深度。当声波从这种面板的表面反射的时候，其变化的表面结构将使声波分散。给定区域内的井状、块状、条状越多，高频扩散得越好；井状越深或者块状和条状的变化越深，低频扩散得越好。示例如图 5.7 所示。

图 5.7
二次余数扩散板使用一系列不同高度或者深度的表面来使声波扩散

傲世声学公司最近推出了具有同样功能的 SpaceArray 扩散体，Primeacoustic 公司则制造了 Razorblade 面板扩散体。所有这些产品都易于使用，只需将它们安装在工作室的墙上或者天花板合适的位置，就完成了。

自己制作二次余数扩散板是一件不容易的事情。网上有个人制作的方案可以用，但是需要制作者有木工技术。对于大多数小房间（包括几乎所有的家用录音棚和项目录音棚），吸声处理是一种比自己制作扩散体更简单的用于改善声学环境的方案。

声学处理套装

很多公司，包括 Primacoustic、傲世声学和 StudioPanel 在内的公司都推出了房间声学处理的“套装”。这些套装使得事情变得简单。不同尺寸的房间的套装配置不同。套装包括吸声材料、低频陷阱，并且根据房间尺寸不同，套装还包括不同的扩散材料。如果你想要简单的方案，使用套装是一个可行的方案。你只需要购买一个适合你的套装，根据说明书进行安装，然后就可以开始制作音乐了。如果你发现想要更多的吸声和低频陷阱，你可以在套装内再增加材料。

第6章

声学误区

就如其他艺术与科学结合的领域一样，多年来流传着很多关于声学的谬误或者误解。并且正如所有这类谬误一样，它们总是反复出现。我们看看一些长期存在的谬误背后的事实。

鸡蛋巢

这是流传最广、最深的一个谬误。有人突发奇想地认为把空的鸡蛋巢贴在房间的墙壁上可以解决声学问题，甚至起到隔声作用。这几乎没什么道理。大多数鸡蛋巢的材质只对高频起到一点吸声作用，但是它太薄太轻了，根本起不到隔声的作用。鸡蛋巢唯一有用的是它不规则的表面对非常高的频率有一点扩散作用。最糟糕的是鸡蛋巢通常使用易燃材料制作，这对于家庭或者商业使用都不安全。

墙上挂毯

另一个谣言，就是墙上的挂毯有助于隔声，并且有助于控制混响和回声。使用软的毯子确实有助于高频吸收，并且如果后面还有一个厚的垫子，可能还会对低频有一定的吸收作用。

但是，其实大多数毯子都太薄，对频率非常低的声音不起吸收作用。当然，有多种类型的毯子。但是总的来说，不管什么类型的毯子都没有足够的重量，无法起到隔声的作用。并且还有一个更大的潜在问题，因为毯子无法吸收很低的频率，各频段的混响平衡被破坏了，房间里中只会剩下低频在共鸣。与所有此类“声学处理”一样，需要低频陷阱（可能还需要某些中频吸收）来使各频段均衡，如图 6.1 所示。

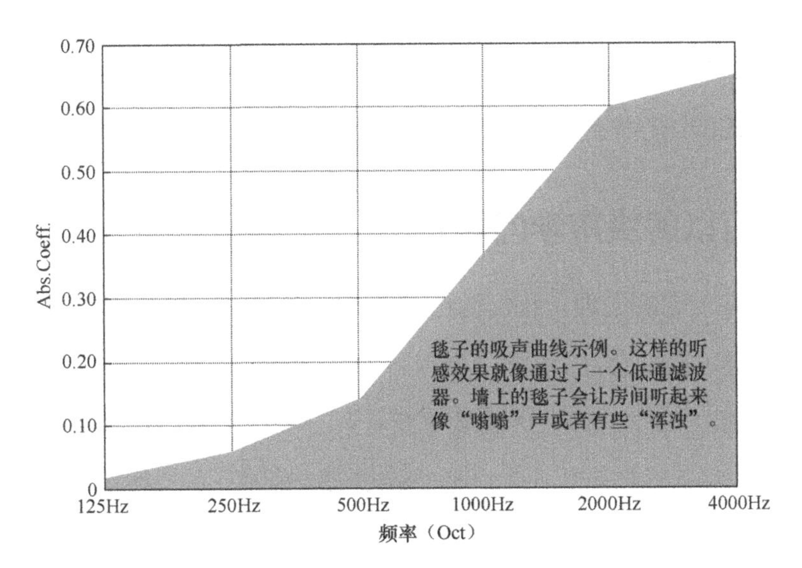

图 6.1
大多数毯子的吸声能力在中频就迅速下降了，并且对于低频声波没有吸声作用（数据来源：傲世声学公司）

我曾经去过太多乐队排练室，音乐家们在墙壁上挂满了毯子。结果导致了房间内充满了低频“嗡嗡”声，房间内的声音听起来暗沉、沉闷。

在地板上铺地毯在声学上并不是很糟。实际上，我喜欢工作的时候在脚下铺上漂亮、温暖、柔软的地毯。但是在墙上或者天花板上挂毯子，从声学角度来看通常效果很差。

任何泡沫都有用

为了省钱，很多音乐家和家庭工作室的老板都尝试使用非声学泡沫材料，例如泡沫床垫、高密度的包装泡沫、枕头泡沫等材料。的确，几乎所有的柔软材料都在某种程度上能够吸声，但是这些材料确实无法与声学泡沫的性能相比。真正的声学泡沫的形状都根据其声学性能和外观进行了调整，例如床上用品中使用的泡沫床垫则为了舒适度和支撑性能进行优化。更重要的是，真正的声学泡沫是一种“多孔”材料，使声能很容易穿过，并在其内部转换成热能。其他类型的泡沫起不到这个作用，即使是接近这个水平也做不到。

家具可以解决声学问题

这有一定的道理，我们讨论过书架可以作为一种扩散声音的工具。同样，放置得当的沙发、床或者软垫椅子确实可以吸收低频。如果给它铺上柔软的材料（不是皮革或者聚乙烯），它还会对高频声音进行吸收。尽管听起来也不错，但你不能指望它和真正的低频陷阱或者宽频带吸声体的声学性能一样。不过，既然家里的家具是必不可少的，如果你家中的某件家具能够有助于改善房间内的声音，那也是挺好的。

事实上，傲世声学公司的前首席声学工程师杰夫·希曼斯基对一个空的房间和在其中增加了两张沙发后的两种情况进行了一些声学分析。他的分析报告题为《沙发对低频响应的影响》，最初发表在录音网站上，结论是:“对低频响应的影响不太大，但是出现了整体平滑和声压级衰减的现象。”希曼斯基注意到沙发在减少低频范围的混响时间方面很有效。“特别有趣的是，增加了沙发之后低频范围的振动模态的衰减很明显。”完全可以听出来这种衰减，尤其是在100Hz以上的范围内。

其他的家具对工作室声学效果的影响微乎其微。表面为平面且面积很大的家具可能引起有问题的反射声。倒不是说不能在房间里放家具，不过要小心放置它们，以尽量减少潜在的问题。

低频陷阱占用了太多空间

这可能是音乐家们参观大型商业录音棚时，发现房间内建造的大尺寸、有深度的低频陷阱时引发的问题。对于绝大多数家庭或者项目工作室而言都没有空间进行这种处理。

这种说法也有一定的道理。如果你想用泡沫吸收非常低频率的声音，你将需要一种厚重的泡沫，对于 30Hz 的声音，至少需要 1.2m 深的多孔吸声体！即使使用木质面板的低频陷阱，也必须有至少 25 ～ 28cm 深才能吸收如此低的频率。总之，可以说只要提到低频处理，为了得到最好的效果，低频陷阱都是越大越好。

不过在某些情况下，用小点的材料处理也可以获得良好的效果。研究表明，有些吸收低频的方式不需要使用大块的材料。此外，我们已经学到了一些技巧，例如对房间的角落进行处理，并不需要占用太大的空间。制造商们也在加紧制造用于小房间的小型低频陷阱。

均衡可以解决所有的声学问题

我们在第 4 章中讨论过这个问题。均衡可以降低室内共振频率的峰值。然而，它无法影响共振频率的空间分布，我们移动头部就会处于与最佳听音位置不同的由共振频率产生的峰或者谷中，而且它对共振频率的衰减时间也不起作用，均衡不能减少房间内的混响时间。

人们对均衡用于房间声学处理的有效性观点不一。它确实给工程师和音乐家带来了一些想要的东西。我的观点是：先从声学上对房间进行处理。然后，如果你愿意，可以应用均衡再进行微调。

第二部分

工作室声学处理

第 7 章

选择最佳的房间作为工作室

很多家庭工作室或者项目工作室管理人对于工作室建造的位置并没有太多选择的余地。这取决于哪里有空的场地、在哪里建造工作室不碍事，或者哪个房间没有被其他家庭成员用作其他用途。不过，考虑到工作室也将是你生活的地方，还是有一些需要注意的事项。在第 4 章中讨论了房间尺寸和形状。如果可能，这两个因素是主要关注点。但是还有其他需要考虑的方面。

隔声

几乎很少有工作室不制造些噪声，除非你只用合成器和采样器制作音乐，并且只用耳机进行监听。

但是这样的效果并不理想。大多数工作室最终都将需要使用话筒为人声、吉他或者其他的声源进行录音。为了录好声音，你必须进行隔声。如果你的工作室在一栋有其他人居住的房子里，那么你在进行隔声处理时需要考虑以下两个问题。一是防止房子里其他地方的声音传入工作室内，二是防止工作室内的噪声传出去影响房子里的其他人。

考察一下可用的房间，然后选择一个离房子内其他房间最远的（详见第 13 章“隔声”中的平方反比定律），并且离马路最远的房间。这可能是离家庭主要活动区域最远的卧室，也可能是地下室，或者可能意味着把阁楼或者车库改造成可居住的空间，在那里你可以确保在进行录音时不被打扰，而且也不会干扰其他人。

卧室

相当多的家庭或者项目工作室最后都选择了将闲置的卧室作为工作室。从多方面来说，这个地方还不错。不幸的是，大多数闲置卧室的声学环境不佳。它们通常接近正方形的形状，而且（从声学角度看）它们的门、壁橱和窗户的位置都不方便。不过在进行一些声学处理后，会得到很好的改善。如果壁橱足够大，这些壁橱对于隔绝嘈杂的计算机声音很有帮助，可以用来录制吉他音箱的声音，甚至可以作为录制歌手的隔间。

阁楼

如果你的房子有一个适合居住或者可以居住的阁楼，这可能是作为工作室的好地方。找一个天花板足够高的空间可能是个问题，但取决于事情怎么安排，如果安排好这是可能实现的。对录音空间与房子里其他房间的位置关系你要有清晰的认识——避免把空间设在卧室上方，在你录音的同时可能其他房间的人正准备睡觉。

地下室

将地下室作为工作室有一个很大的优势：至少部分空间位于地下，可以与周围的住宅保持良好的隔离，这将有助于在工作室内吵闹的情况下仍能维护你与邻居的关系。当然，地下室和上面的房子之间并不隔声，因此，与阁楼一样，对工作室位置和房子里其他房间之间的关系你要有清晰的认识。如果选择了一个未完工的地下室，要确保它干燥和清洁。

除非你有一个“露天”或者“日光”地下室，否则你可能不用处理很多窗户带来的问题，这是个优势。不过，你可能会面临熔炉、冷却系统和风扇发出的机械噪声。

车库

如果你很认真地对待自己的工作室，并且想把它提高几个档次，有一个解决方案就是将车库改造成一个录音空间。你将放弃车库的停车和储物功能，但可以获得一个理想的工作房间。这需要花点功夫。为了获得最佳效果，最好在车库内再建造一个房间，有单独的加热、冷却、通风系统和电线。这种房中房的优势是，这种建造方式可以最大限度地隔声。

找一个角落

找不到一间可以作为工作室的房间？住在一个小公寓内没有空余房间？这并不意味着你不能有一个工作室！我曾经用厨房桌子、客厅的一个角落、家庭办公室的一部分组成了一个小工作室，不论在哪里我都能找到一些空间放置设备。这种设置很难进行声学处理，不过有个办法就是制作一些可移动的吸声板，用于吸收监听音箱或者你正在录制的声源附近的声音。

重要的事情是找到一个可以制作音乐的地方！一旦有地方了，就着手对这个地方进行声学处理以获得最佳的声学效果。

第8章

新手入门

假如你已经决定好了将哪间房间作为录音棚，并且为了获得好的声音效果，已经开始准备进行声学处理。恭喜！你即将在新的空间内制作音乐。

在你正式进行声学装修之前，仔细地看一下你的工作室空间，感受一下你必须做些什么样的声学处理。在本章后面将对房间进行“专业的”声学测试和分析，所以下面的测试并不是必需的。不过我发现对进行声学处理前和进行声学处理后的房间进行听感上的对比是很有趣而且有启发的。

从空房间开始。首先，在把所有设备和家具安装和放置进来之前安装声学材料会更容易。对原始的空房间和已经完成了所有声学处理的房间进行对比，差异也更明显。

带上监听音箱和功放或调音台（如果你没有有源监听音箱），以及播放测试用的纯音、扫频信号和音乐信号的设备，听一听未经声学处理的原始房间的声音效果。如果需要测试用的声源，市面上有很多“录音棚工具”CD提供这些声源。可以从RealTraps网站免费下载具有CD品质的测试声源。傲世声学公司在他们的网站上提供可以免费下载的扫频信号。插件制造公司Audio Ease针对苹果系统制造了Make a Test Tone的插件，售价29.95美元，可以在计算机上生成纯音和扫频信号音频文件，如图8.1所示。

可以将所有纯音和扫频信号刻录到音频CD上用CD机播放，或

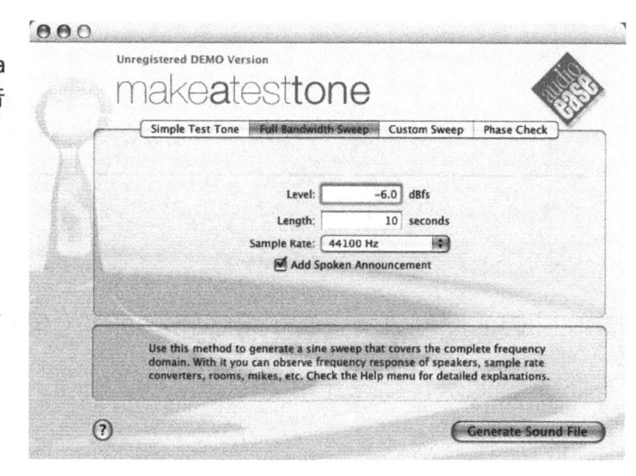

图 8.1
Audio Ease 公司的 Make a Test Tene 插件可以生成纯音和扫频等声信号音频文件

者用计算机等其他音频播放器播放。我喜欢使用 CD 机播放，因为它不会增加太多背景噪声，相比之下计算机的噪声太大（我们将在第 12 章“噪声控制”中探讨如何控制计算机噪声。）

声级计是了解房间（及工作室周围）声学环境的有用工具。你可以像我一样购买 Radio Shack 公司的产品。这个公司有两种类型的声级计，一种是模拟指针型仪表（目录 #33-4050），另一种是数字显示的仪表（目录 #33-2055）。我多付了几美元购买了数字显示款，不过两种类型都可以，并且都不贵。

我走进一个房间后的第一件事情就是在房间内的各个地方使劲拍手。目的是听颤动回声的问题、听是否有高频振铃声，这是一种高频比较刺耳的金属声，以及感受一下是否房间内有“盒子”声的听感，这表明房间四四方方的形状引起了共振驻波问题。如果你的房间表现出上述问题，你也不要灰心。如果是矩形的空的硬质墙体的房间，你肯定会听到一些颤动回声和高频振铃声。这是很正常的现象。把你听到的声音记下来，等到声学处理完成之后再回来听有什么差异。

四处走走

在房间里把测试设备安装好。如果你对如何布置工作室已经有想法了，那就把监听音箱放在你觉得装修好后它应该放置的位置上，可以把它们放在当你坐着时与你的耳朵高度差不多的高度上。

如果你对如何布置工作室没有想法，你也不必担心，在下一章中将详细探讨这个问题。现在你不用进行任何最终决定，因为放置监听音箱只是为了测量一下在激活了房间内的振动模式后，我们能听到有什么声学问题。

现在，尝试布置监听音箱，使它们在房间里可以“辐射”到很远的距离上，离后墙 0.6 ～ 0.9m，并且在房间里并排对称布置。

用一个监听音箱播放长时间、持续的低频纯音，将另一个监听音箱哑音、断开线路或者关掉。拿出声级计，调试监听音箱的音量使在房间内各个不同位置处的 C 计权声压级平均数值在 80 ～ 85dB。在房间内四处走走，在不同的位置停留片刻听声音。你很可能会听到在某些位置处，某个特定频率的声音比较大，而在另外一些位置处，同样频率的声音相对比较小。有些频率的纯音也很可能听起来比其他频率的声音大，这就是房间共振频率！再次把你在不同位置处听到的结果记下来，等房间的声学处理完成后可以进行比较。

从低频到高频的扫频信号

还有另外一个初步测量方法可以用来感受房间的声学环境，可以使用一个上一节提到的监听音箱。把声级计放在你认为将会是录音师的听音位置处。用监听音箱播放扫频信号，大多数时候只需要播放低频频段，注意声级计上的变化。当扫频信号的频率发生变化的时候，声级计上的数值变化剧烈。是的，你看到的就是房间共振频率和相位抵消的效果。很难对于你所发现的问题进行任何量化的判断，因为在这个位置说不清哪些频率成分的声音被加强了，哪些频率成分的声音被减弱了。但是试着感受一下峰值和低谷的变化有多大，以便于在工作室声学处理完成以后进行比较。注意要考虑共振频率的空间分布，声级计上显示的读数可能和你所在听音位置听到的感觉不一样。

在这个位置，我喜欢用一对监听音箱播放各种各样的音乐来判断当这个房间中播放全频段的音乐素材时声音效果如何。选择你非常熟悉并且在多个地方都听过的素材。我制作了一张带有参考音乐的 CD 选集，用于熟悉不同的房间和监听音箱。它的特点是有一系列的音乐和制作风格，多年来经过一系列的歌曲和器乐音乐的听音训练，我可以从每种音乐中听判出录音空间和音箱的问题所在。

注意你听到了什么。仔细听不同频率成分的声音。是否有低频嗡嗡声？浑浊？高频刺耳？中频粗糙或者尖锐？房间声音是否含糊或者混响过度？当播放停止时，声音是否仍旧在房间中回荡？在你的房间中肯定会出现一部分或者所有上述问题。仔细听，你听到上述混合在一起的声音问题吗？除非你非常幸运或者你在一个“施了魔法”的房间内听音，才听不到上述声音问题。无论如何，记住你听到的声音以便于在房间声学处理完成之后进行比较。

对房间进行声学分析

要想真正理解房间中的声学问题，就必须进行客观的声学分析。对房间进行声学分析主要有以下两个原因。

1. 通过分析空的房间，可以获得有价值的信息，并有助于判断使用什么样的声学处理更合适。你可以看到各种共振模式，并且在正确的声学分析后了解房间混响衰减和 RT60 混响时间特征。

2. 通过分析空房间，你就有一个基准或者起点。然后，如果再次对完成声学处理后的房间进行分析，你就可以知道进行声学处理使得房间内的声音有多大的不同，还会知道是否还有任何需要改善或者需要弄清楚的声学问题。

有两种不同的对房间进行深入的声学分析的方法。比较好的方法是购买一种能够提供房间响应数据的软件。有很多性价比高的软件包都可以对房间进行全面的声学分析。两种常用的 Windows/PC 程序是 AcoustiSoft 公司的 ETF 和 SIA 软件公司的 Smaart 声学工具。遗憾的是，在苹果计算机的 Macintosh 系统上，没有像这两个程序一样好用的程序，尽管有些用户说在苹果计算机的 Windows 仿真程序中可以运行 ETF，还有些人喜欢 Metric Halo 实验室的 SpectraFoo。也有硬件分析仪可用，比如 Terrasonde 音频工具箱和 NTI A11 声学分析仪。

大多数的声学分析形式都很相似。在房间里播放扫频信号，并且在房间的听音位置或者其他位置放置话筒进行录音。将录音结果加载到分析程序中，该程序会输出各种表现房间声学响应的图形和信息、RT60 混响时间或者混响衰减信息，以及更多信息。实际上，很多信息都是我们大多数人不需要的。

自己动手进行声学分析

想要大概了解房间内的情况，你可以尝试以“自己动手 DIY”的方式进行声学分析。如果你愿意尝试，如前所述，RealTraps 公司在他们的网站上提供了可以下载的、用于测量的音频文件和可以打印的对数坐标的音频图形纸。方法就是你播放每一个纯音，用你手边的声级计测量声压级。注意，你需要将声级计设置为 C 计权和慢响应，并且注意 50Hz 以下的响应并不完全准确。用纸打印出来，用笔画出结果图，这就完成了。

如果你使用这种方法，确保纯音之间的间隔为 1Hz。使用 1/3 倍频程，甚至窄到 1/6 倍频程的频带仍然过宽，无法精确显示房间响应所有的峰和谷。

结果不会像使用扫频信号和分析软件一样准确，但是可以很好地了解房间的状况，并且这确实是一种廉价的解决方案。它也有如下两大缺点。第一，每间隔 1Hz 播放和测量高达 300Hz 的测试声音相当耗费时间；第二，你得不到关于房间混响衰减或者 RT60 混响时间的数据，或者房间内各频段声音衰减是否平衡的数据。仅用纯音进行测量只能得到声压级方面的数据，如图 8.2 所示。

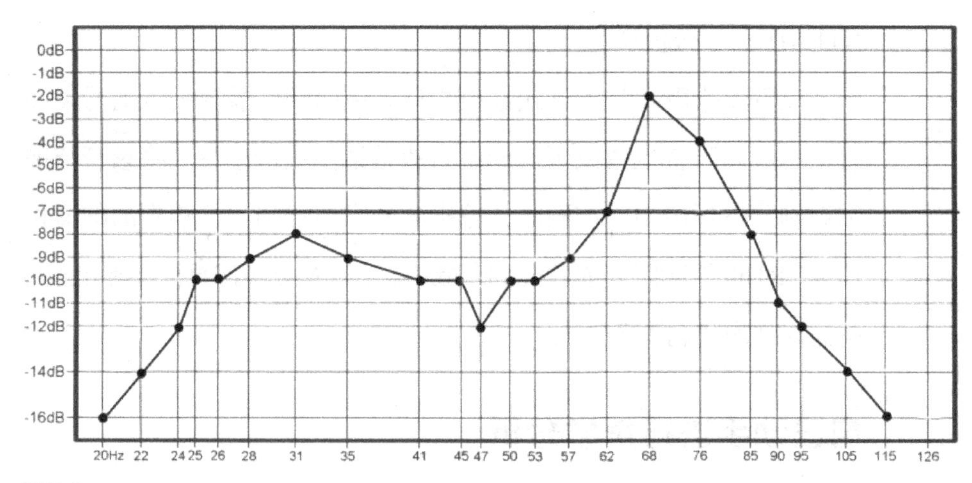

图 8.2
用过宽的频率间隔分析房间的频率响应得到的曲线可能会漏掉窄频带出现的问题

请人进行声学测量和分析

还有一种专业的对房间进行声学分析的方法。诸如 Auralex Acoustics 这些公司都会通过扫频信号对房间的声场进行分析，可以得到完整的声学处理前后的对比图。他们还会提供建议，告诉你使用什么样的声学处理材料最适合你的房间，以及如何安装它们。他们提供不同级别的服务，有些服务免费，有些服务收费。

第 9 章

工作室的布局和声学材料

是时候开始把你的工作室打造成声学环境最好的状态了！首先，看看如何在房间中进行工作室的位置的布局，获得最佳的声学响应。然后，看看把声学材料安装在房间的什么地方能够使它们发挥最大的用处。

朝向

那么如何安排你的房间布局呢？答案是依赖于房间本身，因为有太多的可变因素了。如果有一个很大的矩形房间并且没有窗户或门，进行房间布局将会相当容易。但是少有如此理想的房间，而且没有门可能会使得在这种房间内工作具有挑战性。

虽然我们的房间并不是最理想的房间，但是仍然可以将一些基本的经验法则应用于工作室布局中。

最先要做的是弄清楚房间的方向，工作室应该面向哪里。通常，对于一个矩形房间，从声学角度来说，最好让音箱辐射远一点，最好是沿着房间的长边。这样可以减少后墙反射回来到达听音位置的反射声，如图 9.1 所示。

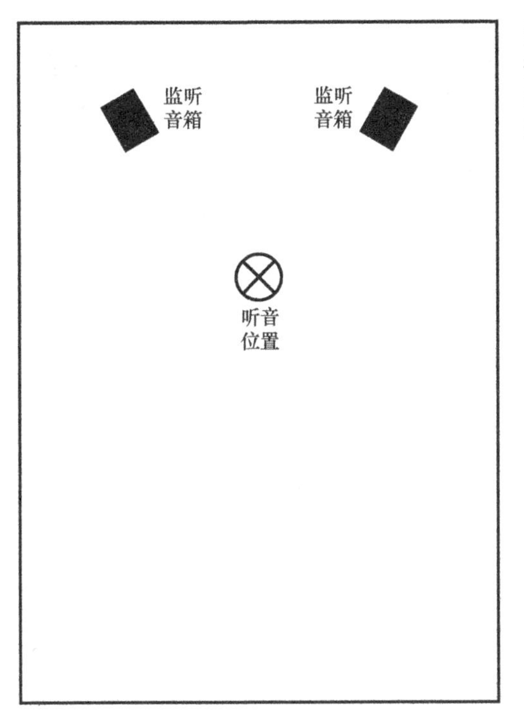

图 9.1
把音箱布置在房间中能够辐射很远的位置，这通常是个好的开始

音箱布置和听音位置

最佳监听音箱位置有明确的规范。标准布置是将左右音箱放置在与中心听音位置处听音者的头部成等边三角形的位置。这样才能在混音时形成准确的“声像”、运动声像和定位。将监听音箱对准到听音者头部稍后方的位置将使得“最佳听音位置”扩大一点，如图 9.2 所示。

为了获得更准确的响应，把监听音箱放在离前面的墙至少 0.6m ～ 0.9m 远的地方。离前面的墙越近，低频声音被提高得就越多。有些监听音箱内置滤波器，可以对此进行补偿。监听音箱离侧墙越远越好，因为可以减少反射声问题。当然，我们将在本章后面处理一次反射声的问题，所以不必对此过于担心。

不可以把监听音箱放置在房间的角落处。这样做会导致极高的

图 9.2
将监听音箱放置在与中心听音位置成等边三角形的地方，指向听音者稍后方的位置

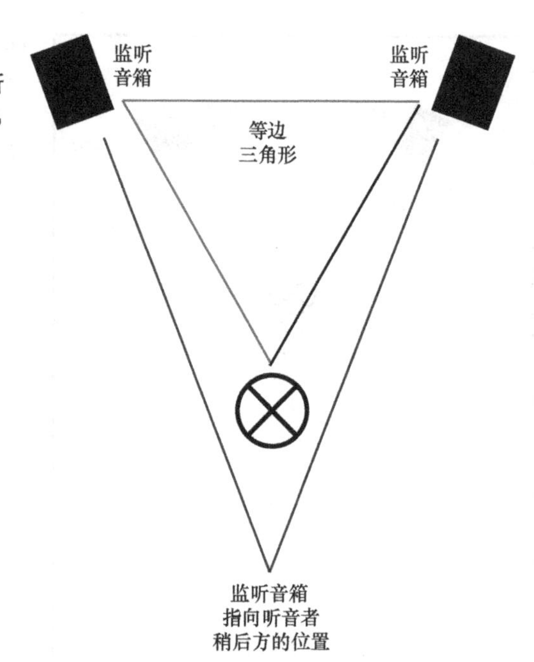

低频提升，即使大多数监听音箱内置滤波器，也无法进行补偿。更糟的是将一只监听音箱放在角落处，另一只不放在角落处，这会导致两只监听音箱的响应完全不同，将很难得到一个稳定的立体声混音。

有些录音棚设计师建议听音位置应该按照他们房间尺寸的“黄金分割”比例来设置。这就意味着听音位置应该在房间内离后墙 38% 的位置。

另一个“法则”规定监听音箱应该被放置在离前墙的距离等于房间宽度 70% 的位置上。只要房间的长度大于宽度，这个法则就很适用。假如房间的长度为 6.1m、宽度为 3.7m，监听音箱应该被放置在离前墙 0.7 × 3.7m，即 2.6m 远的地方。如果长度和宽度尺寸相同或者接近，这个法则就不适用了。

还有其他的公式和法则，有些甚至可以帮助我们计算与前墙、侧

墙和地面的最佳距离。如果你不喜欢计算监听音箱的放置位置，你可以使用诸如 RPG 公司的房间优化软件，它会把监听音箱放置在使共振模式和边界干涉效应最小的位置。

使用这些“规则”和技术的初衷是找到一个可以使任何共振模式的影响最小的位置。在实践中要记住，保持听音位置与两只监听音箱呈等边三角形（所有的边等长），这一点很重要。为了保证这一点，先设置听音位置，然后再根据听音位置将监听音箱放置在等边三角形的顶点上。有一件事情要注意，无论你想把监听音箱放在哪里，务必保证监听音箱与前墙的距离不和监听音箱与侧墙的距离相等。

对称

在房间里放置监听音箱和其他设备时，主要考虑的是对称。确保左监听音箱与左墙之间的距离和右监听音箱与右墙之间的距离一样。回到如何设置录音棚的朝向问题，答案是对称的房间比较理想。如果房间的一侧和另一侧不对称就很难获得稳定的立体声像。例如，一边是墙另一边是落地书架就不如两面都是实墙好。同样，一边是墙另一边是窗户的情况便破坏了对称性。

如果房间不对称，或者由于某些原因，录音棚的朝向不对称，最好使不对称的部分在听音位置的后方。例如一个 L 形的房间，最好将 L 形的开口的短边放在听音位置后方，如图 9.3 所示。

同样，窗户和门处于混音位置的后方侧墙上比较好。两个监听音箱之间有窗户问题不大，但是如果窗户在其中一个监听音箱的后方，可能产生严重的反射声。

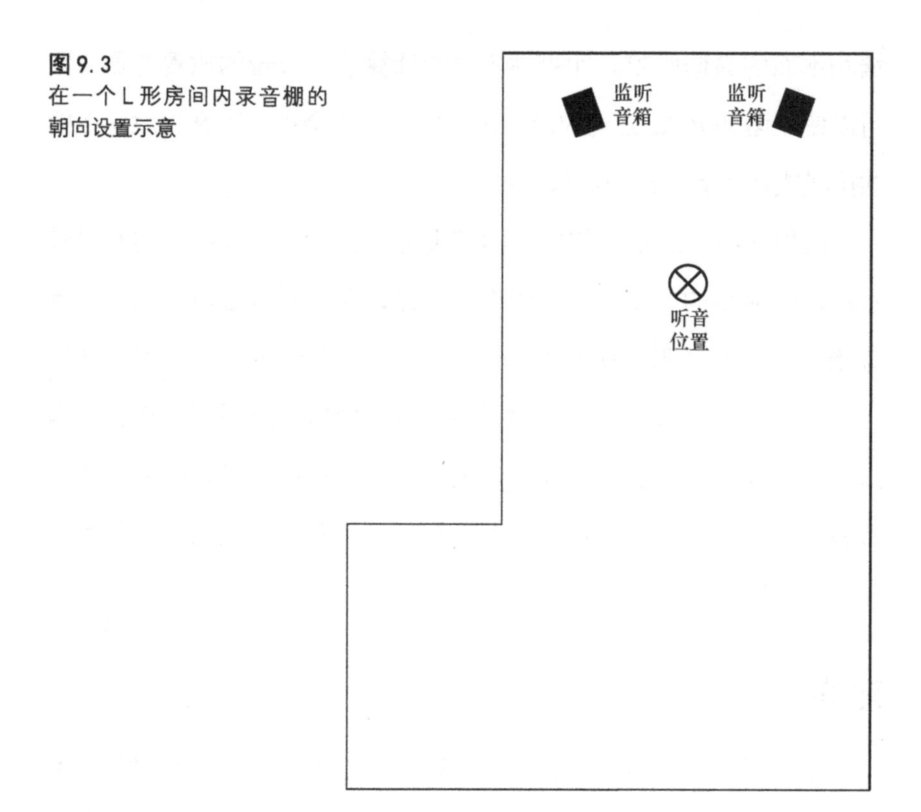

图 9.3
在一个 L 形房间内录音棚的朝向设置示意

最终的解决办法

尽管可能有各种问题，但最终还是要把设备和听音位置放置在工作的地方，即房间中合适、妥协最少的位置处，也是坐下来工作感觉最好的位置，这可能是有窗户的位置，这样你会从美丽的风景中获得灵感。

以作者现在的录音棚为例（在第 16 章“卧室”中有详细阐述），虽然表面上看起来违反了很多规则，例如监听音箱并没有沿着长边摆放、房间也是一个 L 形的房间，而且听音位置也没有处于房间的一端，但是我依然布置成了这个样子，包括房间的多功能用途，包括附近有一个壁橱可以用来放置有噪声的设备，而且最重要的原因是我坐的位置有两扇大窗户，当我工作的时候可以欣赏外面的风景。在进行声学处理后，这是我拥有过的声音效果最好的控制室。而且在这里工作非常舒适，这对我来说是最重要的，如图 9.4 所示。

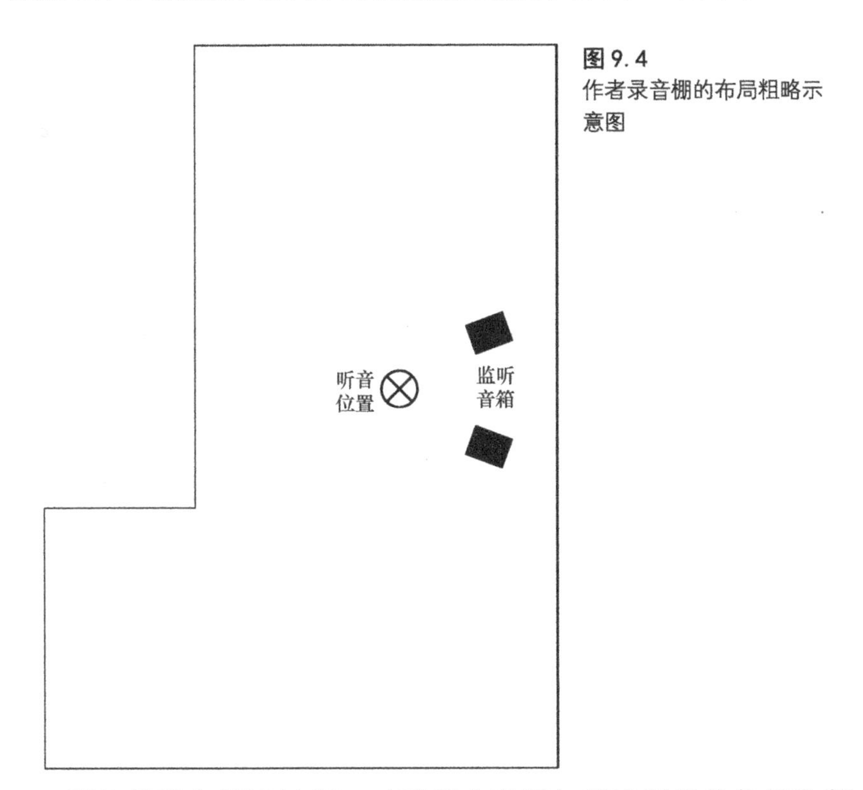

图 9.4
作者录音棚的布局粗略示意图

即使是录音棚设计师，对于某个房间如何设置最佳位置和朝向，也不是总能达成一致的（在第 17 章“最佳外观代表：备用房间”中将进行详细讲解）。所以尽量先根据规则来设置监听音箱和其他任何你需要的设备的位置。然后丢掉规则，播放音乐，尝试将监听音箱和重放系统放置在听起来感觉合适的地方。最糟的情况就是，你必须将监听音箱移动好多次，移动到多个不同的位置，尝试一些不同的位置和朝向，然后选择最好的位置。

一旦定下来最令你感觉舒服的、感觉声音也最好的位置，就可以开始认真考虑放置设备的区域周围的布置。在墙上和天花板上的什么位置安装什么声学材料？在听音位置后面放置什么？窗户和门在什么位置？你能让一切都顺利吗？在某些情况下你可以，在有些情况下则不能。除非是从头开始设计新建的工作室，否则总会有妥协。即便如此，仍然需要考虑门、储物空间和设备等的位置。

安装声学材料的位置

在房间中找到合适的安装声学材料的位置并不难。有一段时间流行将房间的整个前半部分、监听音箱周围和听音位置处，都做成强吸声的，而将房间的后半部分处理成活跃的或者反射声丰富的。这种做法称为 LEDE 设计，LEDE 是 Live-End Dead-End 的缩写，是一种使得房间前端反射声很少、较为沉寂，后端反射声多、较为活跃的声学设计方法。如果实施得当，这种类型的设计可以获得很好的效果。我曾经在这种类型的录音棚中工作，非常喜欢。但如今，有一些替代的方法可以采用，因为并不是每个人都喜欢在一间前端完全沉寂或者后端完全活跃的房间内工作。

指导原则

下面是一些有关安装声学材料的指导原则。

1. 把低频陷阱和宽频带吸声体放在角落里可以获得较好的声音效果，不论是墙与墙之间、墙与天花板之间的角落，还是墙与地板之间的角落，不过放在最后这种位置的很少，因为不方便。另一个好位置就是两面墙和天花板的连接处。尽管铺设这些材料的区域越大，对声波的吸收能力就越强，但是也没必要把从地板到天花板的角落都覆盖这些声学材料，也没必要把这些声学材料密封在墙内。只需要把它们挂在或者放在墙角就可以起到很好的效果。

2. 需要对一次反射声的位置进行吸声处理。但是如何找到一次反射声的位置呢？可以应用高中几何进行计算，不过如果你几何考试没及格，或者不喜欢使用老式量角器，有一个找到反射声位置的简单办法可以采用，即把监听音箱放置在房间内应该放置的位置，坐在进行混音时所在的听音位置处，请助手拿一面镜子站在侧墙的一边，大概在听音位置和监听音箱的中间。让助手移动镜子，直到你从镜子内看到离你最近的监听音箱的高频单元。镜子的位置就是应该进行吸声处理的中心位置，通常采用 0.37m^2（4 平方英尺）的吸声材料就够了。对录音棚的另一侧墙重复上述步骤，如图 9.5 所示。

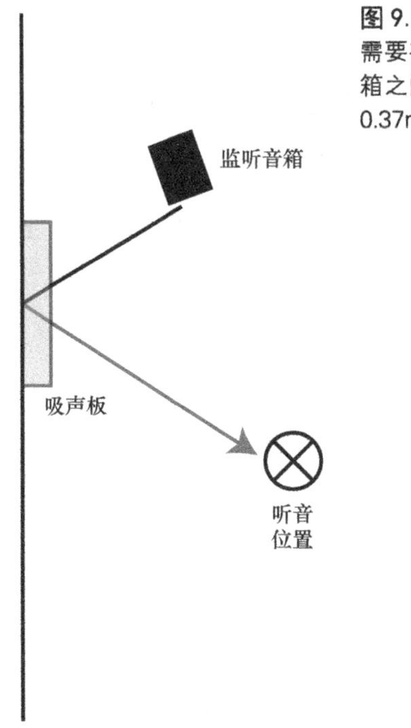

图 9.5
需要在侧墙上听音者和监听音箱之间的一次反射声位置放置 0.37m^2 的吸声材料

3. 还需要对后侧墙进行声学处理。在这个位置使用扩散比较好。另外，对于后墙离听音位置距离很近的房间，进行吸声处理效果比较好。当然，对于这种房间也可以采用扩散处理，只是没有那种后墙离听音位置很远的房间的效果好。

4. 对监听音箱后面的房间的前端墙进行吸声处理。确实监听音箱主要向前方辐射中频和高频声波，但是对监听音箱后面的墙进行吸声处理可以使声像更清晰，并且有助于减少后墙反射回来的反射声或者监听音箱与墙之间的反射声。

提高性能

声学泡沫和玻璃纤维板是很好的吸声体。但是它们对非常低的频率无效，除非声学泡沫很厚，但是谁的卧室会有空间安装 1.2m 厚的吸音板呢？如果想要通过吸声处理获得更好的低频性能，有一个简单的方法，在吸声材料之间留空隙。3 ～ 5cm 的空隙都会造成很大的差异，更大的空隙会使得更低频率的声波被吸收。可以在吸声板的后面形成空腔。对于声学泡沫（非硬质的，也不能远离墙体或者其他表面安装），我曾经在很多录音棚中使用的一个方法就是把泡沫粘在轻质塑料的那种花园用的栅格上。在垫片上安装栅格，从而在泡沫板后面形成空腔（详见第 17 章）。

5. 别忘了天花板。室内设计师会告诉你，当你在粉刷墙时，将天花板当作第 5 面墙。很多室内声学设计师在对天花板进行声学处理的时候会对你说同样的话。

如果天花板低，高度只有 2.5m 或者更低，在一次反射声的位置进行吸声处理，使其听起来高一点。如果天花板比较高，进行扩散处理可以使房间内各频段的混响衰减平滑、均衡。

在天花板上有两种安装声学材料的方式。你可以将声学材料安装在天花板上合适的位置，例如将声学泡沫或者大量玻璃纤维板粘在天花板表面合适的位置。如果天花板高，另一种方法是在混音位置上方吊挂一种被称作“云”的吸声材料。这种方案具体的做法是在天花板下方 0.3m 或更低的地方悬挂吸声板。这样可以在吸声板上方形成空腔，与直接将其安装在天花板上相比，这样会对更低的频率起吸声作用。而且这样做也可以在“云”上方安装更多的吸声材料，增强吸声能力。如此一来，“云”就成为一个宽频带吸声体，对低频范围的声波起到吸声作用，如图 9.6 所示。

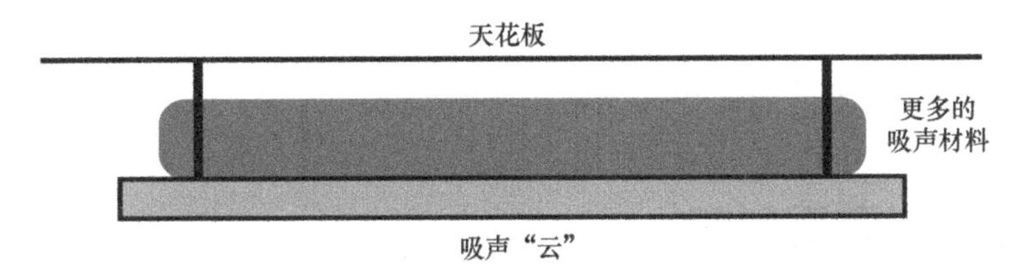

图 9. 6
在听音位置上方吊挂吸声或者扩散材料创造一个天花板“云”。为了获得更好的低频性能，在“云“的顶部铺设松软的玻璃纤维

如果有吊顶，可以采用同样的处理方式。在吊顶和房梁之间的区域放置蓬松的玻璃纤维，并且在吊顶板材的顶部铺设蓬松的玻璃纤维。甚至可以把吊顶板材替换为硬质玻璃纤维板，将其切割成能够放进天花板龙骨的尺寸，表面需要用织物覆盖，然后在顶部铺设蓬松的东西。这种方案有两个好处，使用吸声材料使天花板听起来更高，并且额外的吸声体深度可以使天花板起到宽频带吸声体和低频陷阱的作用。

6. 通过地板起到更多的吸声作用或者达到扩散效果是很困难的，在批判性聆听时，我们的大脑似乎会忽略地板的声学作用。在地板上用什么材料更多是个人喜好问题。地毯有助于吸收一些高频，而且会使脚下舒适。但是，回忆一下我们在声学误区那一章对墙上毯子的探讨内容，毯子仅吸收高频而无法充分吸收低频和中频会使得房间的混响衰减不平衡。

很多工程师喜欢在木地板上工作，尤其是在录音间和隔声小间里的时候。他们在进行录音时喜欢木地板的反射声，经过吸声处理后的木地板给房间带来了一种“自然”的现场氛围。我曾经在一些混凝土地板刷油漆或者染色的录音棚工作，效果也很好。我也曾看到过一些录音棚的地板在混音位置处是木头的，在其他位置处铺着地毯。

如果你打算使用有利于声反射的地板，那么你要确保天花板有足够的吸音或者扩散处理，以防出现颤动回声、混响或者共振。

创建一个无反射区

前面讲到的各种声学处理的宗旨是在主听音位置创建一个“无反射区域（RFZ）”。现在一般声学处理的思路并不是使房间完全吸声，而是控制反射声、控制共振频率、减小 RT60 混响时间，并且使各频段的混响衰减时间平衡。

通过创建无反射区域，你已经在控制反射声方面进行了很多工作。你也已经结合了房间的其他吸声体，减小了 RT60 混响时间，并且使用宽频带吸声体平衡了混响衰减时间。如果再使用一些低频陷阱，那么你应该获得了一个声音良好的房间。

最终结果

所以当你把所有声学处理方法结合在一起后，最终得到了对房间进行声学处理的基本方案了吗？图 9.7 展示了将所有方法都结合在一起的声学处理方式。当然，你必须根据房间的具体情况进行调整，但是基本原则是一样的。

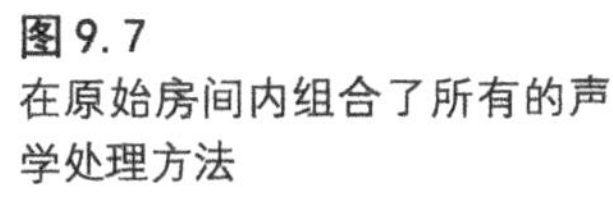

图 9.7
在原始房间内组合了所有的声学处理方法

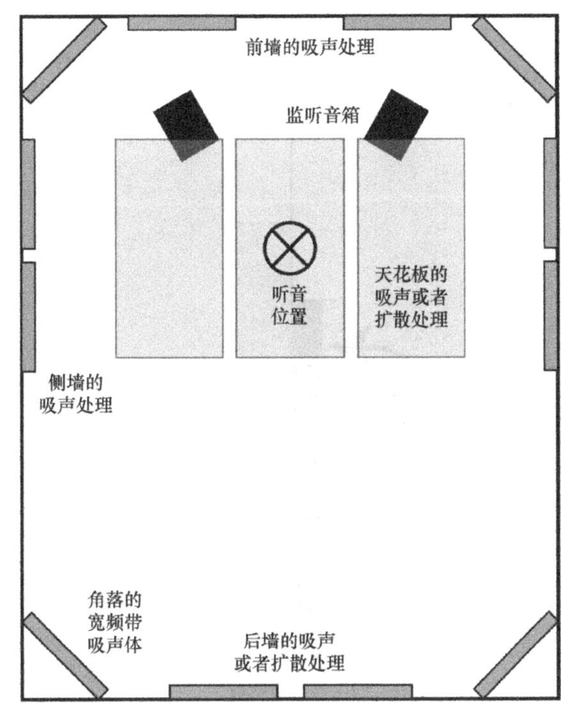

其他情况的解决方案

当你对真实的房间进行声学处理时总会有很多“如果……怎么办”的疑问，因为这些房间最初并不是专门设计用作工作室和控制室的。

如果监听音箱旁边的侧墙上有窗户怎么办？有如下 4 种办法。

1. 在窗户上挂厚重的窗帘。有一种厚重的剧院风格的窗帘，是 Rose Brand 品牌的。

2. 制作一个“塞子”塞进开着窗户的窗框里。根据窗户开口尺寸切割一块木板（用织物包裹）或者中密度纤维板 MDF（其上安装泡沫或者玻璃纤维板），并且塞进窗户开口内，如图 9.8 所示。

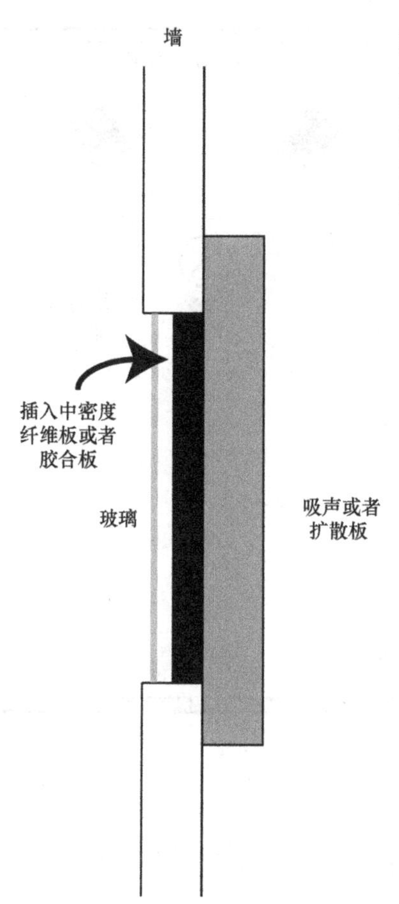

图 9.8
一种处理窗户的方法是根据开窗的尺寸切割木板或者中密度纤维板，把它塞进窗框里，然后用声学泡沫或者玻璃纤维板覆盖在上面

3. 在支架上安装声学泡沫或者玻璃纤维板，然后把它放在窗框前面。考虑到对称性，在相对的那面墙上使用类似的措施。

4. 在窗框上吊挂玻璃纤维板或者泡沫板。

如果墙上有开口或者壁龛呢？有如下两种办法。

1. 在开口上吊挂厚重的窗帘。

2. 使用固定在架子上的吸声体堵住开口。

如果有个门需要进行声学处理怎么办？

使用挂在门顶部的扁平钩把声学材料吊挂在门的表面。把声学材料安装在一块薄木板上，然后把木板像画一样挂起来。

如果无法在 4 个角落都放置低频陷阱呢？

没问题，对可以处理的角落进行处理，不能处理的地方留着。对于低频处理，对称性不是一个重要的问题。如果需要更多的低频陷阱，可对墙与天花板之间的角落进行处理。

第 10 章

零成本的家庭工作室方案

没有太多预算对工作室进行声学处理？仍然可以将一个房间的声音处理得很好！你必须创造性地使用可利用的材料，但是这肯定是能做到的。

常规的家居用品

可以使用房子里各种家用的物品控制房间的声学问题。有很多家用物品都可以用作工作室的吸声体。

1. 窗帘和帷幕效果很好。越重越软的效果越好，薄薄的丝织材料不起作用。不要将它们悬挂得太紧密以至于被拉平了，要让它们产生更多更深的褶皱。甚至可以把窗帘当作顶棚一样挂在混音位置上方创造一种“云”，减少天花板的反射声。使用多层厚重的窗帘可以获得更好的吸声效果。

2. 毯子和被子，尤其是厚重的、柔软的类型，都可以像挂窗帘一样挂在墙壁和天花板上用于吸声。就如同使用窗帘一样，不要把它们挂平，要让它们堆叠产生褶皱。

3. 枕头。把枕头挂在墙上有点难，但可以把它们放在房间周围来吸收杂乱的高频声波。这不仅仅需要几个小抱枕，尽量多找一些又重、密度又高的枕头。试着在房间的一个区域的地板上堆满枕头，在不需要吸声的时候也可提供一个临时休息区。

4. 书架。在书架里塞满书有助于进行声扩散。另一种选择是在书架里塞满枕头、毯子、旧衣服或者任何你可以找到的柔软的东西，来创造一个大的靠墙的吸声体。

5. 沙发。把长沙发、双人沙发或者单人沙发靠墙放置，这样有助于吸收一些低频声，并且有助于减小房间内的混响衰减，多放几组沙发则更好。

6. 椅子和脚凳。硬质木头椅或者轻质折叠椅在声学处理上不起作用。但是安乐椅、有软垫的躺椅、软垫都有助于低频和高频的吸收。将软椅或者带软垫的硬质脚凳放到角落里可以进行更多的低频控制。

7. 衣服。如果房间里有衣橱，用旧衣服填满它，可以形成一个有效的低频陷阱。

8. 房间屏风。一些可折叠的房间屏风可用于改变反射声方向。当然，实心面板才有用。为了更有效，在面板上包裹吸声材料。

一个全新的方案

在前一节中我们创造性地使用家用材料来替代商用的声学处理产品，现在我们继续研究完整的声学处理方案。

家用声学材料的布置原则和商用的声学处理产品一样，只是在必要的时候用自己的材料替代商用的声学处理产品。处理一次反射声、吸收低频减少房间共振的影响，以及控制混响衰减的快慢和均匀度，这些方面的处理方法都一样。

我不能保证会获得与使用商用的声学处理产品一样高科技的外观，或者房间的频响和混响衰减时间与专门进行声学设计后的一样，但是可以保证房间内的声音效果能够得到改善。通过发挥你的创造力，你可能会找到布置这些声音材料的方式，并且最终效果还不错，如图 10.1 所示。

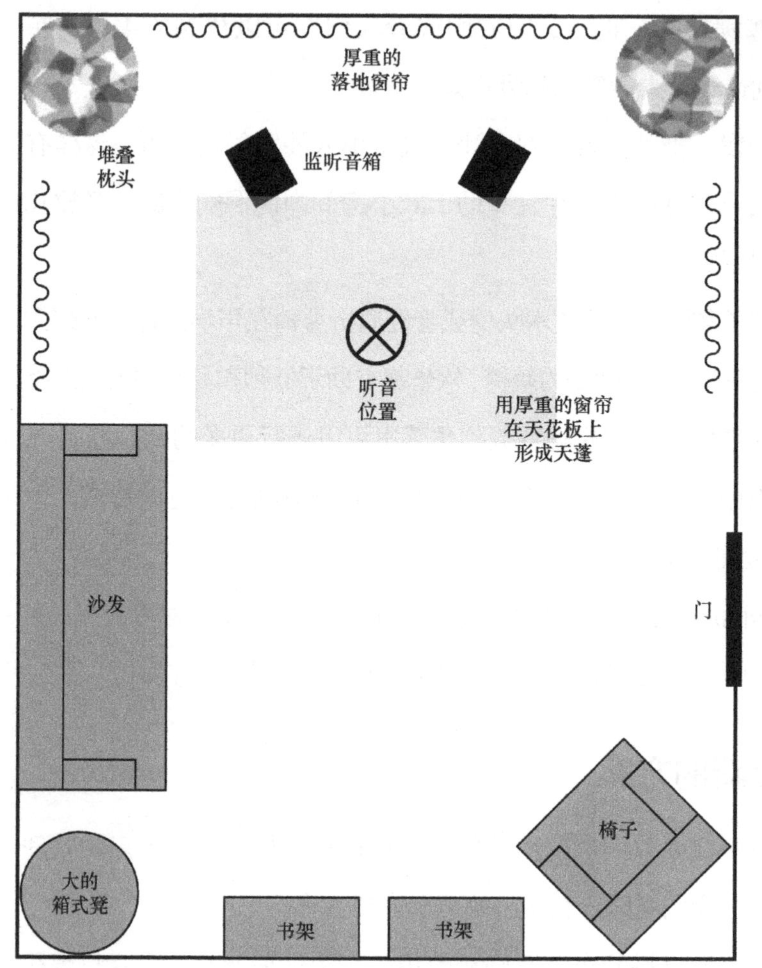

图 10.1
用家用材料创造性地替代商用的声学处理产品可以获得一个不用花费很多钱进行声学处理的声音良好的房间

假设你可以从房子里任何地方拿一些东西过来使用，或者你可以去市场或二手市场挑选一些便宜货，那么你对房间进行彻底的声学处理可能花不了多少钱。

第 11 章

理想的家庭工作室声学设计方案

我们已经看过了低成本的声学处理方案和工作室声学设计方案，甚至在极低的预算下对房间进行声学处理的方案。现在，我们来看看相反的情况，如果预算非常高甚至没有上限，我们会怎么做。

好吧，我们很少有人有机会建造一个像本章将要讲到的这种工作室。但是为了不让你认为这只是一种幻想，我来说明讲这种顶级工作室的声学设计的一些实际原因。第一个原因是为了看看顶级专业的声学设计师或建筑师设计工作室的方法，这对普通的设计师也很有启发性。其次，我们肯定可以找到一些可以借用的提示和技巧。

聘请设计师

与录音棚设计师或建筑师一起工作就像与其他专业人士一起工作一样。你会对比很多人，希望寻找一个有良好记录、声誉和优秀作品的人，或许最重要的是，你希望这个人可以与你合作，能够为面临的录音棚设计挑战提供正确的解决方案。你不希望别人向你发号施令。相反，你希望这个人与你合作，肯花时间了解你的需求和愿望，并与你一起工作。

正如录音棚设计师兼建筑师拉斯·伯格告诉我的那样：

录音棚和听音室有特殊的功能和特殊的技术需求，它们和其他类型的建筑有本质的区别。设计应该尽可能面向未来，创造出能够发展及适应未来变化的空间。可持续发展的概念与这些目标一致，并且是智能设计的核心。一个设计良好的场地会为以后不可避免地要补充的配套设备预留位置，使得更新和升级尽可能容易。

归根结底，这不仅需要解决上述某一个问题的能力，一个设计公司要具备同时解决这些问题，并且平衡这些互相有矛盾的问题的能力，然后才能够胜任这项工作。有无数的细节需要处理，这个过程将涉及一系列的选择和妥协，以协调空间、预算、功能、质量和时间等问题。创造合适的空间并不只有一种方法，设计的目标是在过程中做合适的选择。录音棚设计师应当对相似的场地设备有深厚的经验，并且能认识到一个场地的特殊性，这样人们才有充足的信心选择这个录音棚设计师。

聘请录音棚设计师花费较高。尽管如此，进行适度的设计可能并不像你想象的那样昂贵，尤其是如果你只是想要一张设计图，然后自己建造录音棚。另一种情况是，从施工阶段就聘请设计师，这种情况就需要多准备点钱了。

但是如果你对你的工作室很认真，一个专业的工作室设计师可以把你的工作室设计成你自己从未想过的样子，会让你惊叹不已。

这里有一个案例。我带着自己家地下室的草图和以下要求去找了拉斯·伯格，他是拉斯·伯格声学设计公司（RBDG）总裁兼同名工作室设计师，也是世界上最著名的工作室设计师之一，可在网站查找他的业绩。

1. 工作室必须大而且是开放式的。

2. 地下室需要有一个家庭影院和录音的空间。

3. 我和很多原创音乐家、独奏家、歌唱家和词曲作者一起工作，并且给电吉他和类似的乐器录音。我还在录音棚里进行混音、声音设计和作曲。

4. 我想要一个练习钢弦吉他和古典吉他的好地方。

5. 在家里进行乐队录音不多，尽管如果有需求我也希望能够进行录制。对于正式的架子鼓或者大型合奏，我可以租用“商业”录音棚。

6. 我希望地下室的浴室保留完整。

7. 地下室后面可以看见一个风景优美的湖和自然保护区，所以我的工作室至少需要一个窗户。

在下文中可以看到我提供给拉斯的草图，上面画的是地下室，就和我搬进这个房子时一样，如图 11.1 所示。

想要更经济并且实用的设计方案，请转到第 15 章“地下室”。这里先继续阅读，看看拉斯的设计是否超出了我的预期或者预算。

拉斯·伯格给地下室设计的方案可以在图 11.2 中看到，包括一个大型的两用控制室和家庭影院房间、一个大录音间、一个小办公室，甚至还有一个小厨房。控制室前面的“舞台”区可用于艺术家录音、练习、小型合奏和近距离表演。

图 11.3 显示了拉斯·伯格为地下室设计的家庭影院平面图。控制室工作台和录音设备被安放在储藏室中，设置了影院座位来提高观看时的舒适度。

新空间的最大特征就是双用途控制室和家庭影院。设备和影院座位设计为可移动的。当将这个房间用作录音棚的时候，把座位挪

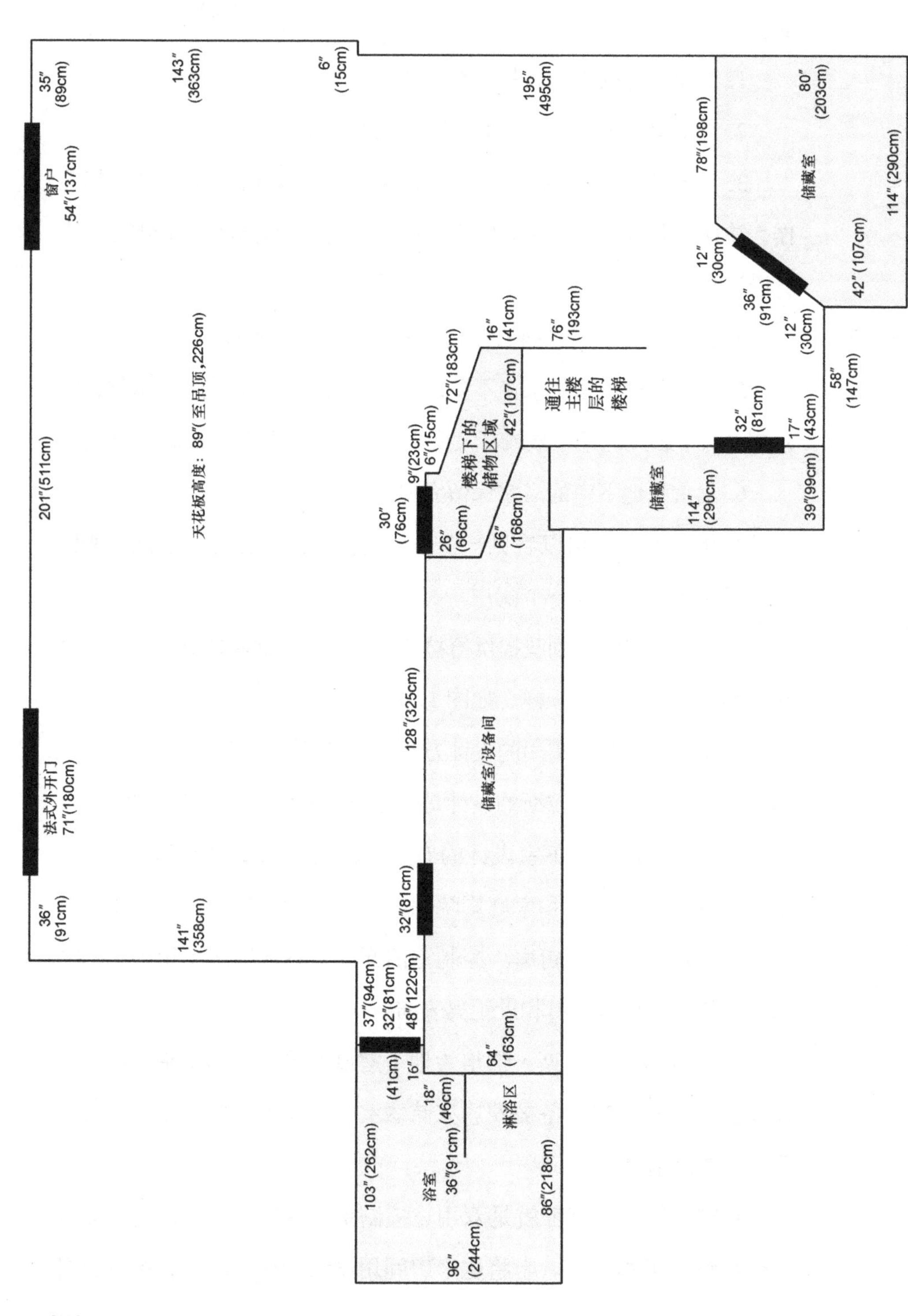
35″ (89cm)
窗户
54″(137cm)
143″ (363cm)
6″ (15cm)
195″ (495cm)
78″(198cm)
80″ (203cm)
储藏室
114″(290cm)
12″ (30cm)
36″ (91cm)
12″ (30cm)
42″(107cm)
58″ (147cm)
16″ (41cm)
76″ (193cm)
通往主楼层的楼梯
72″(183cm)
42″(107cm)
楼梯下的储物区域
9″(23cm)
6″(15cm)
32″ (81cm)
17″ (43cm)
储藏室
114″ (290cm)
39″(99cm)
30″ (76cm)
26″ (66cm)
66″ (168cm)
201″(511cm)
天花板高度：89″(至吊顶，226cm)
128″(325cm)
储藏室/设备间
法式外开门
71″(180cm)
36″ (91cm)
141″ (358cm)
32″(81cm)
37″(94cm)
32″(81cm)
48″(122cm)
16″ (41cm)
64″ (163cm)
18″ (46cm)
淋浴区
36″(91cm)
浴室
103″(262cm)
86″(218cm)
96″ (244cm)

图 11.1　工作室草图

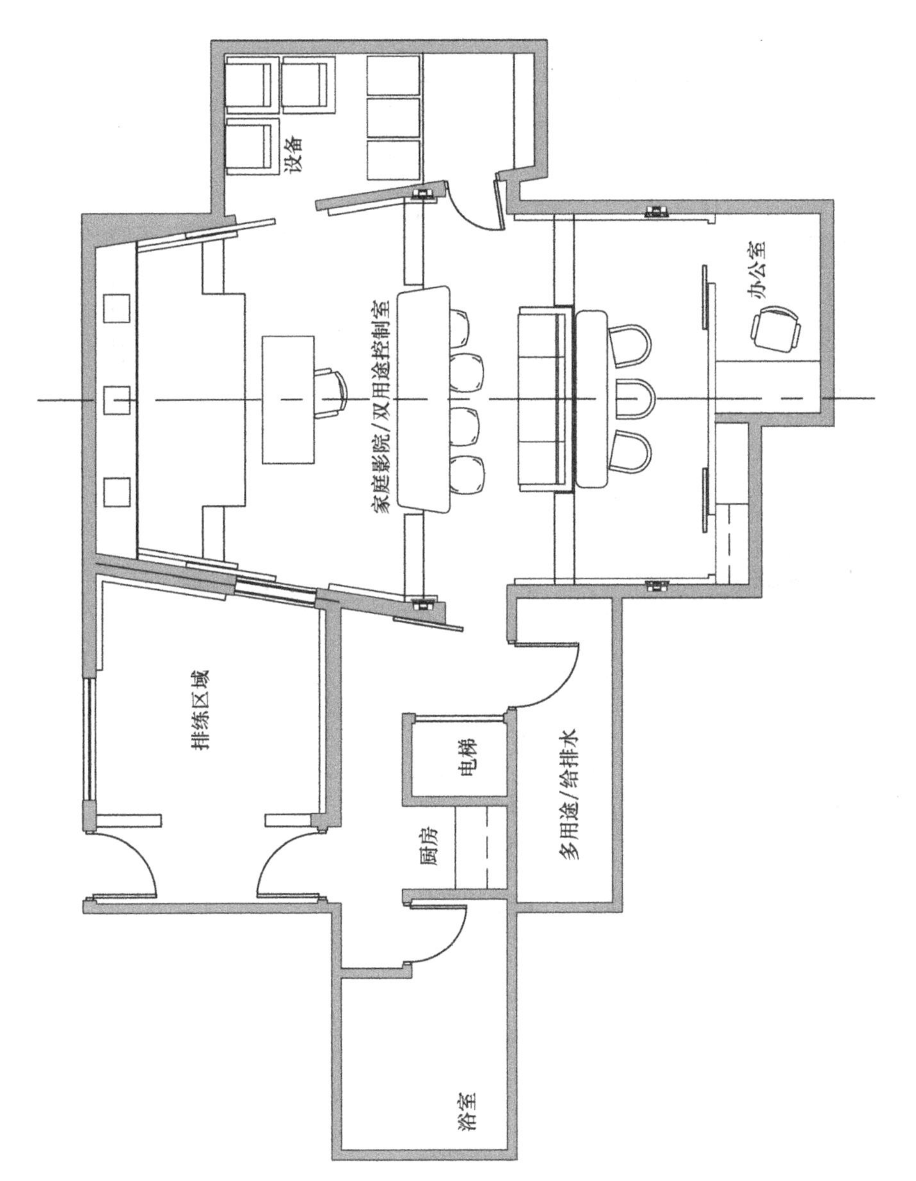

图 11.2　拉斯·伯格为地下室设计的方案

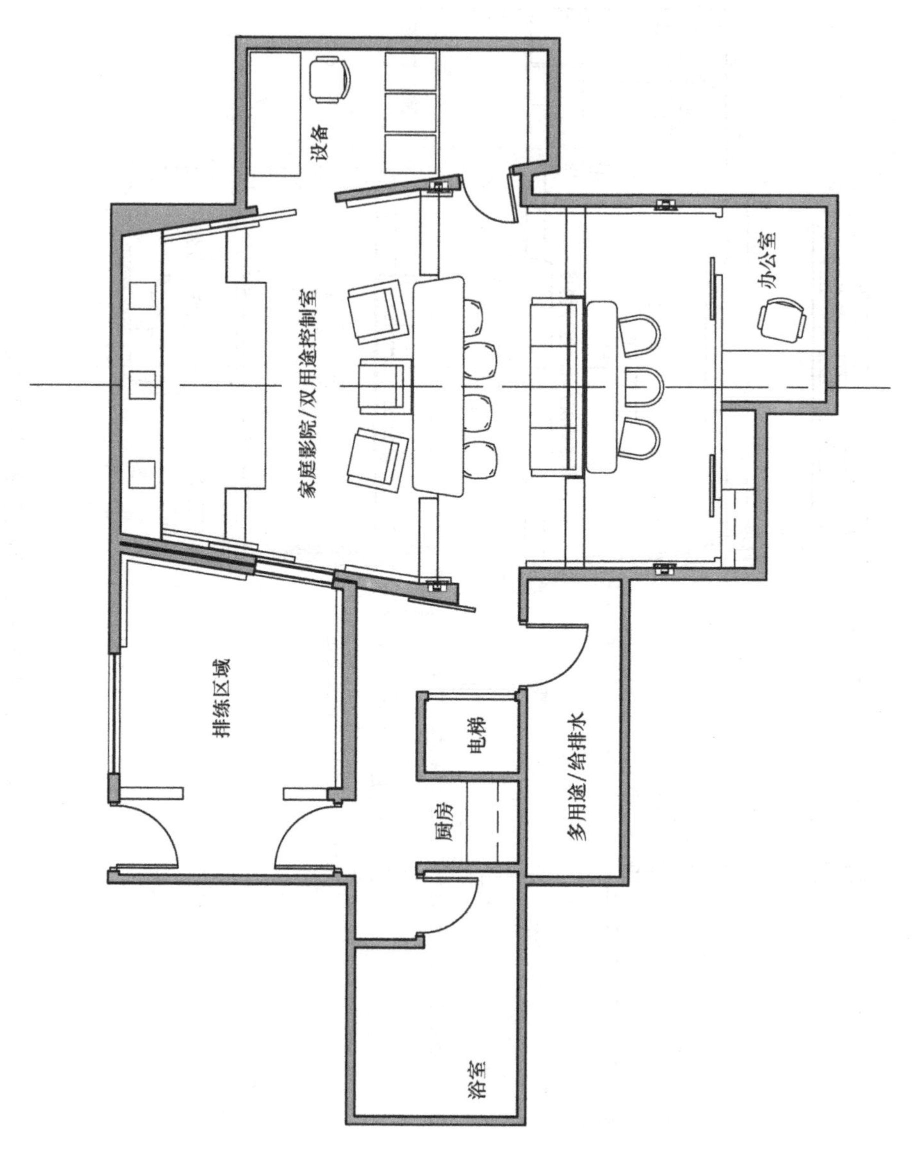

图 11.3　家庭影院平面图

走，放进旁边的储藏室。当我想邀请朋友们来看电影时，把椅子拿出来，把调音台挪走。

大型电影银幕也有双重功能，可用于电视和电影银幕，也能在我工作的时候将其作为计算机显示器。还有一个“舞台”和演出空间，这为空间的利用创造了更多可能性。

在录音间和双用途控制室的墙上贴了所需要的吸声和扩散材料，并且用织物包裹。

设计师的笔记

拉斯·伯格为我们提供了很多细节。

在这个地下室的改造方案中，设计了录音控制室、录音间、设备间、音乐演出 / 排练区域、一个家庭影院 / 放映室区域。它体现了在功能性和空间限制之间成功的协调。虽然这个改造方案没有考虑预算限制，但也需要在实现功能的同时尽量省钱。有些特征和功能可能显得有点极端，但是它们也是基于成本效益考虑的，依据是经过验证的方法、技术及概念。

有几个最重要的位置限制对整个布局产生了很大的影响。地下室区域目前仅限于现有房屋的占地面积，并且受到严格的高度限制。在一些地方我们扩大了地下室，它包括了现有房屋面积以外的区域。

由于没有神奇的声学解决方案可以解决房间体积不够的问题，于是决定把地下室的地面挖得更深，从而扩大地下室空间。当净高超过 4.3m 时，就能够实现更精确的低频响应、更好的视线和更好的隔声效果。

将所有房间作为一个整体考虑，所以形成了现在的地下室的改造方案。进出地下室要通过房子后面的一个外部门，这是为了便于进行设备的装卸，同时确保录音区域安静、隔声。现有的楼梯通向住宅主层，占用了相当大的空间，而且这个位置通行不便，在方案中被住宅电梯取代。这样做有个额外的好处，就是可以阻止客人步行上楼梯，进到住宅空间内。

几分钟之内，就可以从录音控制室的监听区域转换为表演和排练空间，或者家庭影院。房间配置了可以容纳多组人视听的多声道环绕声系统，不论他们是来录音的还是来娱乐的。滑动控制室或表演剧场前面两侧的声视板[1]将有助于通过控制镜面反射声优化监听和表演的声学条件。

家庭影院和娱乐的视频设备被优化了。在房间后面的隔声罩内放置了一台高分辨率的投影仪。一个多图像的视频处理器将支持全屏图像或者把屏幕分割成多达16个独立图像的多图像模式。例如，当房间用于录音时，屏幕可以被分成一个大的用于计算机驱动Pro Tools/DAW音频软件的显示器、一个独立的重放高清晰度（HD）视频的区域、前后门摄像头显示、互联网浏览窗口以及正在直播的足球比赛。屏幕上每一个独立的窗口的位置和大小都可以根据用户的喜好重新调整。

当用作家庭影院时，作为最佳观影位置的3层“A票”座

1 这里指反射板，对于表演需要侧向早期反射声，对于录音或监听则不需要。

位可以为 8 ～ 12 人同时提供良好的环绕声和视觉效果。商用质量的固定座椅、软座椅（可移动扶手座椅），以及地板上枕头的组合提供了灵活性，并且确保了最佳听音位置和条件。可以挪动和重新布置椅子以适应顾客的喜好，也完全可以撤走椅子。控制室或剧院前方的舞台区域可以容纳独奏和小型电声乐器合奏。坐在剧院区域的观众可以录制或者分享这些表演。

大多数专门用于排练或者练习的空间尺寸和声音都很小，表演者的身体受限，并且空间的声音表现受到了限制。与足够大的房间相比，小房间在声学上需要更多的吸声材料来抑制令人不快的共振。

为了改正常见的过度使用吸声材料进行房间声学处理的错误，表演区域使用了扩散体和分散的吸声材料的组合。观众可以在最佳听音位置和最佳视野中欣赏抬高的舞台区域的表演。

尽管这个空间比大多数预留的排练空间大得多，但仍然缺少现场氛围或者房间特色促进演员的表演积极性。一种 LARES 辅助混响系统（RBDG 协助实现并集成到 Wenger V[1] 室内排练环境和其他演出环境里）被用于控制室、剧院、工作室和隔声小室空间内。

LARES 辅助混响系统通过电子仿真体积相当大的房间为演出提供声学增强。该系统可以仿真小到俱乐部大到音乐厅场所的演出

1　Wenger 是美国温格尔声学公司，生产声反射罩等。

声音。

表演者和观众将听到更大的、经过专门声学处理的声环境的声学反应。使用 LARES 辅助混响系统的另一个好处是可以提供卓越的剧场环绕声演出效果。

剧场设备、功放、外部设备，及录音控制台都被安置在临近的设备区域，这是地下室扩建的一部分。额外的信号处理设备放置在一个方便存取的低矮书柜内以支持录音，当房间为剧场模式时它被隐藏在第一排座位后面。

在控制室和放映厅后面的一侧，隐藏着一个储藏区，用来存放媒体设备和储备用品。另一侧隐藏了通往小办公空间的通道，那里有一张桌子和一些家具。

工作室（录音间）是一个为演出和录音专门进行了声学装修的安静、隔声的环境。从地下室其他空间进入工作室要经过一扇隔声门，该门与控制室之间有一个连接走廊。为了平滑低频响应，工作室的长、宽、高尺寸关系和体积经过了优化。隔声窗由多层 2cm 厚的隔声夹层玻璃制成，从地面延伸到 2.1m 高，给演员和控制室之间提供了良好的视线。带有电动遮阳帘的大型外部隔声窗可以给工作室和其相邻区域提供自然光。

现有的杂物间将被挪到地下室扩建的临街区域内。这个空间将用于安装地下室工作室和控制室的多分区暖通空调（制热和制冷）系统，照明、电源和接地系统，以及住宅其余部分的公共设施。厨房 / 食品储藏室位于连接走廊的宽阔区域内，内有水槽、小冰箱和洗碗机。带淋浴的浴室位于厨房外连接走廊的末端。

地板下装有地暖，地板饰面为木材和石头。墙面饰面由石膏板、砖墙、木材和现场定制的内部装有环保声学材料的环保织物等组成。照明将采用将白炽灯和 LED 等结合的方案，通过远程调光和调色遥控系统进行控制。

拉斯对我提出的方案进行的调整相当夸张。看了他的方案后，我忍不住问："多少钱？"

他笑着回答说："多少钱？严肃地说，这个问题是不对的。应该这样问'什么时候我能拥有它？'。考虑到你所在地区的建设成本，按照设计完成外部空间建造大概需要 35 万美元。然而，在房子下面把地面挖得更深可能更贵，也许还要再增加 10 万美元，才能完成整个外部空间的装修和公用设施的重新安置。"

然而虽然已经这么贵了，但是仍然还没有包括家具、电子设备、建筑师和工程师的费用。要彻底地重建和改造地下室，那就先准备 100 万美元吧。

为什么你应该了解昂贵的方案？

好吧，也许拉斯的设计预算比我们大多数人的预算高。但是我们这些生活在现实世界受经济限制的人从这个有点幻想的方案中能学到些什么呢？有一些重要的事情可以应用于我们的工作室。

1. 房间可以做成多用途。没有人说工作室只能是录音棚。因为进行了声学处理，它也可以成为很棒的家庭影院、音乐鉴赏室，或者练习 / 排练的空间。

2. 没必要将设备固定在一个位置。经过细心的设计和创意走线，可以将混音台或者控制台挪到一边，为其他的事情腾出空间。

3. 设备可以具有多个用途。例如，一台高清电视机，可以播放电影和电视节目，也可以当作计算机显示器。

4. 没有什么是必须固定在某个位置的。如果你想甚至可以改变墙和地板，只要你能承担改动的费用。

5. 良好的声学性能和建筑可以共存，增强生活的体验。一个好看、精心设计的房间通常声音听起来也更好一些，并且确实能够激发你工作的激情。

6. 跳出思维定式。重新审视你的空间。如果你做到了，可能会有新的想法。虽然我的工作室已经完工（详见第 15 章），但拉斯的设计给了我很多更加有效利用空间的想法。也许我承担不起挖地增加天花板高度或者扩建地下室的费用，但是我可以考虑搬迁或者重新定位我的工作室，或者将其与家庭影院相结合。

我们的梦幻之旅到此结束。让我们回到现实，继续追求声音听起来更好的工作室。

第 12 章

噪声控制

在对录音棚进行声学处理、使得声音变得越来越好的过程中，你会注意到在以前的录音中从未听见过的声音细节，并且听得很清楚。在有些情况下会听到好的声音，但是在更多情况下会听到有问题的声音——之前从未注意到的失真、混响、浑浊等。虽然在辛苦录音和混音时发现问题让人失望，但终究是一件好事。一旦你发现了问题，就可以着手解决它了。

房间布局得到改善后，你还会开始注意其他的噪声，诸如计算机风扇噪声、硬盘驱动器噪声、暖气和空调噪声、户外噪声等。

设备噪声

降低录音棚的地板噪声可以更好地听到监听音箱发出的声音，这样的话，监听音箱的声音就不会被背景噪声掩蔽。幸运的是，解决设备噪声并不太难。

现在大多数录音棚的很多录音相关的工作内容是基于计算机的，所以计算机的风扇噪声是不可避免的。一些型号的计算机比其他型号的安静，所以你可以做的第一件事就是换一台噪声小的计算机。有些计算机经过专门的设计和配置，可将噪声降至最低。我曾经测试过一些这样的计算机，它们非常安静，在它们附近录音时几乎不会录入噪声。Sweetwater 的 Creation Station 系列是我用过的静音效果非常好的计算机系列。

如果负担不起或者不想购买一台新计算机，可以考虑使用低噪声风扇、液体冷却系统、隔声外壳或者其他方法来降低计算机噪声。

另一个解决方案是把计算机和其他噪声设备，例如硬盘驱动器放进一个隔声柜子里。Sound Construction、Supply 及 Raxxess 等公司生产精良的成品，包括带有内置静音风扇、温度控制、玻璃门和其他功能的封闭式机架。

如果手巧，可以自己给计算机制作一个外壳，在里面填充声学泡沫和其他吸声材料，并确保通风。我们可以使用低速、安静的风扇，或者可以在柜子上开通风孔释放热量，因为计算机确实需要新鲜空气保持凉爽。

在我工作的上一个录音棚里，我制造了一个非常简单的隔声盒子，基本上是一个用 MDF（中密度纤维板）制成的大立方体盒子，前后门都有铰链，后面有通风孔，底部还有一个槽，让电缆进出。为了让计算机尽量通风、低温，在不录音或者不进行监听的时候，我把盒子的门半掩着。当我做重要的事情的时候，紧紧地关上门。不花哨，但效果出奇地好。确保计算机和硬盘不过热非常重要，这一点我再怎么强调都不为过！

如果工作室位于卧室内，可能有壁橱可用于放计算机和硬盘。在门下铺设必要的电缆。这就是我在现在的工作室里所做的。我把计算机放在附近的储藏柜里，现在储藏柜被称为“机房”。我确实需要购买显示器和键盘鼠标延长线，但是为了把有噪声的机器从控制室里搬出去，花这个钱是值得的。当然，也可以使用无线键盘和鼠标。

如果工作室隔壁还有房间，可以在墙上钻个小孔把线缆穿过去，然后把计算机放在隔壁。用声学泡沫或者蓬松的玻璃纤维填充电缆周围的孔，尽可能地将其密封。这种解决方案非常理想，因为隔壁房间的计算机和硬盘都能保持良好的通风，而且你也不必在噪声中工作。要确保当你在钻孔或者凿穿墙壁的时候知道自己在做什么，记住不要碰到水管和电缆。当然，在你钻孔或者凿墙壁之前，一定要确保计算机在隔壁房间是安全的。

无论你用什么办法降低计算机的噪声，都要确保有充足的通风使计算机的工作温度在安全范围之内。高温很快会损坏计算机或者硬盘！

采暖、通风和空调噪声

暖气、通风和空调（合称为 HVAC）是任何家庭工作室或者项目工作室的重要组成部分，没有暖气或者空调将会令人感到很不舒服，并且没有足够通风的密闭的录音棚会很快让人无法忍受。问题是，大多数暖通空调系统的设计并没有考虑噪声的大小。管道振动和共振、气流通过通风口、风扇吹动都会发出噪声。

坏消息是在现有空间中重建一个静音系统是一个相当艰巨的任务，更不用说使用新的 HVAC 系统将花费 1 万美元甚至更多。静音系统包括不会共振的柔性管道、大直径管道和保持风量并降低空气流通速度的管道，还包括定制的通风管、静音风扇等。总而言之，这是一笔极大的开支，对于大多数家庭工作室和项目工作室来说都不太可行。

那么你能做些什么来解决 HVAC 系统的噪声，并且防止声音进入工作室的 HVAC 系统及房子或者建筑内任何地方的声音被听到吗？

更糟糕的是，你可能对现有的 HVAC 系统做不了什么。为了阻止录音棚内的噪声进入 HVAC 系统，你可以制作一个套在通风口上的盖子，也可以在通风口上安装一扇可以关闭的门。

阻止 HVAC 系统噪声的唯一切实可行的解决方案就是当你在进行录音或者监听的时候关掉空调或者暖气。在夏天的时候这很令人痛苦，因为音频设备会产生大量热量，但是这样做是有效的。这是我在个人家庭工作室中采取的方案。

另一个值得选择的是三菱的 Mr. Slim，我自己没有用过，但是其他人向我推荐。这个独立的暖通空调机组据说非常安静，只需要在墙上开一个小孔就可以安装冷却液管路。

第 13 章 隔声

本书的目的并不是对隔声进行非常深入的研究。为了使声音维持在某个空间内或者防止声音进入某个空间，大多数真正的解决方案是需要相当认真地搭配和使用各种材料。尽管如此，学习并理解一些隔声的基本概念还是有用的。更重要的是，我们可以看看能做些什么来减少进入或者传出工作室的噪声。

如果你正在重新建造一个房中房，或者拆除并重建一个空间，那么你可以建造墙体和天花板，这样非常有助于阻止室内的声音传播出去，室外的声音也不会传入。

不拆除建筑结构

我们不是来研究建筑的，但是以下是一些用于建造隔声房间的技巧。

1. 地面先铺设硬橡胶垫，然后打龙骨，上方再铺设地板，起隔震作用。

2. 采用“三明治”技术建造墙体，即一层石膏板、一层轻质隔声墙、一层石膏板等，如图 13.1 所示。

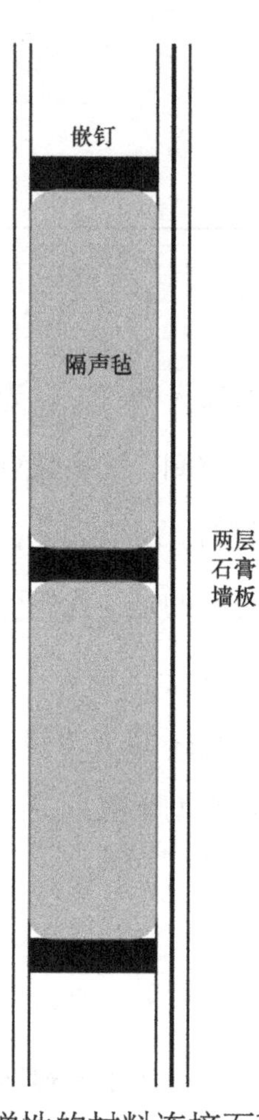

图 13.1
在墙壁上采用不同材料的“三明治”方式是一种隔声较好的技术

3. 用有弹性的材料连接石膏板而不是用螺丝钉住，这像是把墙面安装在弹簧或者减震器上。

4. 采用双层墙结构。两层墙相邻，中间用空气层隔开，如图 13.2 所示。

5. 为了隔声所有地方都要密封，所有的缝隙都需要填充，因为任何空气可以通过的空间，声音都可以穿过。

6. 避免在墙上打孔安装电源插座、照明设备、照明开关盒等，应该把这些东西贴在墙上或者将它们安装在天花板上。

7. 用蓬松的玻璃纤维填充墙和天花板。

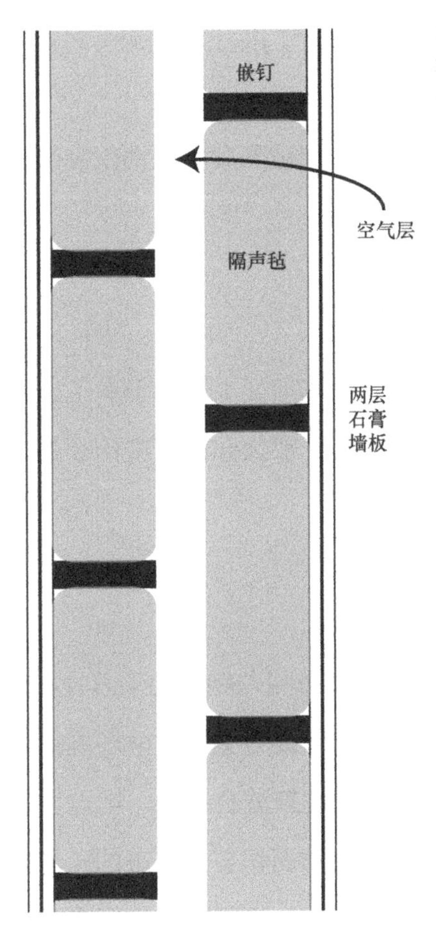

图 13.2
两层墙由空气隔开，这样隔声效果很好

8. 阻止能量高的低频需要使用厚重的材料，例如多层石膏板、厚胶合板等。注意这种隔声方法将使房间的声学环境发生很大的改变。使用厚重的材料将使更多的低频能量保持在房间内，防止其传播出去。相应地，这将使房间的共振模式问题更糟。这种权衡是没有办法的，因为更好的隔声意味着将更多的能量留在房间内，这也意味着声学问题会更糟。所以使用这种方法隔声就意味着你必须加强对房间内的声学处理。

9. 安装最安静、最抗噪的 HVAC 系统。

10. 采用双层夹层隔声玻璃窗。

11. 采用隔声门，甚至可以在同一个门框上装两扇背对背的门或者在两扇门之间用空腔隔开。

如果你真的想彻底地把工作室与周边隔离，花销就会很大，这样的例子不胜枚举。

如果不能拆除重建该怎么办?

不幸的是，在上述清单中罗列的事项很少适用于房子或者建筑内的已有房间，尤其是考虑到预算时。那么你能做些什么来进行隔声呢?

距离

声波的传播遵循平方反比定律，即能量与距离的平方成反比。平方反比定律适用于地心引力、光亮度、辐射强度、电场等。在声学方面，平方反比定律基于点声源辐射的声波会扩散。当点声源辐射的声波距离变为原来的两倍时，辐射的面积变为原来的 4 倍。所以每当距离加倍，声强都会变为之前的 1/4。同样，3 倍距离则声强变为原来的 1/9，距离为原来的 10 倍则声强为原来的 1/100。

每次距离加倍，声压级衰减 6dB，如果距离为原来的 10 倍，则声压级降低 20dB。你可以利用这一点。你和有可能打扰你的任何听音者之间的距离越远越好，同时你和有可能被录下来的噪声之间的距离越远越好。把有噪声的东西，例如计算机和硬盘驱动器放得越远越好。

墙和天花板

需要使用厚重的材料阻止低频声波传入或者传出工作室。如果对一个已经建好了的房间进行声学处理，能做的很有限。如果你愿意重建房间，可以增加一层石膏墙板，在地面加一层胶合板，在天花板上增加石膏板，不过工作量很大。除非你坚持到底，加强整个房间的隔声处理，否则这一切都是徒劳的。

门

有很多方法可以提高房门的隔声效果。首先，通过安装垫圈或者挡风雨条确保房门与门框之间紧密密封。如果你想认真点，可以查看装在门底部的密封条。当门关闭时，这些密封条会下降，从而堵塞底部的空气。为了最大限度地隔声，你可以选择使用隔声门来代替普通的门，尽管这很贵。

窗户

窗户在隔声中总是一个薄弱的环节，普通玻璃窗很容易泄漏低频和中低频声音。你可以用多层隔声窗来代替普通窗户。如果你在寻找一种“非破坏性”的方法，不需要花很多钱或者进行永久性的改动，就用中密度纤维板或者胶合板制造一个 2cm 厚的填塞物，打开窗户把它填进去。用声学材料把它包裹起来，这样你就有了一个很好的解决方案，尽管不能很好地透过阳光。如果你需要阳光或者开窗通风，可以临时把它从窗框里拿出来。

现实情况

总之，彻底隔声是困难和昂贵的，并且这通常超出了我们在家庭工作室和项目工作室所能做的范围。如果你想用最少的投资实现最好的隔声效果，最好的办法是把工作室放在地下室中，在那里你只需要担心头顶的地板。在天花板上用多层石膏板，对所有的东西都紧密地密封，就可以实现很好的隔声效果。

如果没有地下室，没有改造所需要的资金，也不想对你的房子或建筑进行改造，你可能不得不接受你现有的东西。至少考虑为窗户制作一个塞子，用挡风雨条封住门。

在没有进行隔声的情况下，在录音和混音时，需要小心谨慎。在没有人睡觉和邻居不会被打扰的情况下再制造大音量的“噪声”。如果你正在录制安静、细腻的乐器声音，那么就在室内外没有太多噪声的时候录制。对我来说，这意味着要在深夜录制古典吉他，这时家里其他人都睡着了，邻里都很安静。没什么大不了的，真的，而且比真正的隔声更容易，当然也更便宜！

第三部分

工作室声学设计系列案例展示

欢迎进入家庭工作室的声学设计系列案例展示这部分内容。在接下来的内容中，你将了解到4个家庭工作室，都是真实房子里的真实房间，还有一个“设备间”设计用于隔离噪声设备，诸如计算机和硬盘驱动器，以及一个小录音间。在每一章中都会详细地讲述一种方法来处理特定房间，以极大地改善该房间的声学环境。

这里重要的不是展示出来的房间的细节，而是用于处理这些房间问题的概念，如何处理反射声和颤动回声、如何控制混响衰减，以及低频响应是怎么形成的。虽然你很可能找不到一个和你计划作为工作室的一模一样的房间，但是你会看到和你的房间非常相似的可以应用于你自己的房间的声学设计方案。

如上所述，这些都是真实的房间。在一些案例中，我们甚至对房间处理前后进行了声学对比分析，这样的话可以验证前面讨论的那些概念的有效性。特别感谢傲世声学公司，特别是该公司的声学工程师杰夫·西曼斯基在房间声学分析和绘图方面的帮助。

第 14 章

家庭办公室

这个房间是一个通用的空间，就在房子内的家庭活动室旁边。之前这个空间被作为家庭办公室。房间基本是一个长方形，墙体和天花板是硬石膏板，地板是硬木板，有两扇门和一扇窗，如图 14.1 所示。

房间的尺寸约为 4.3m 长，2.8m 宽，2.4m 高。预计房间内的坚硬的表面会使其声学环境非常活跃，颤动回声的问题不大，最大的问题是混响衰减。在房间内拍巴掌会形成一种类似拍打篮球侧边的声音。

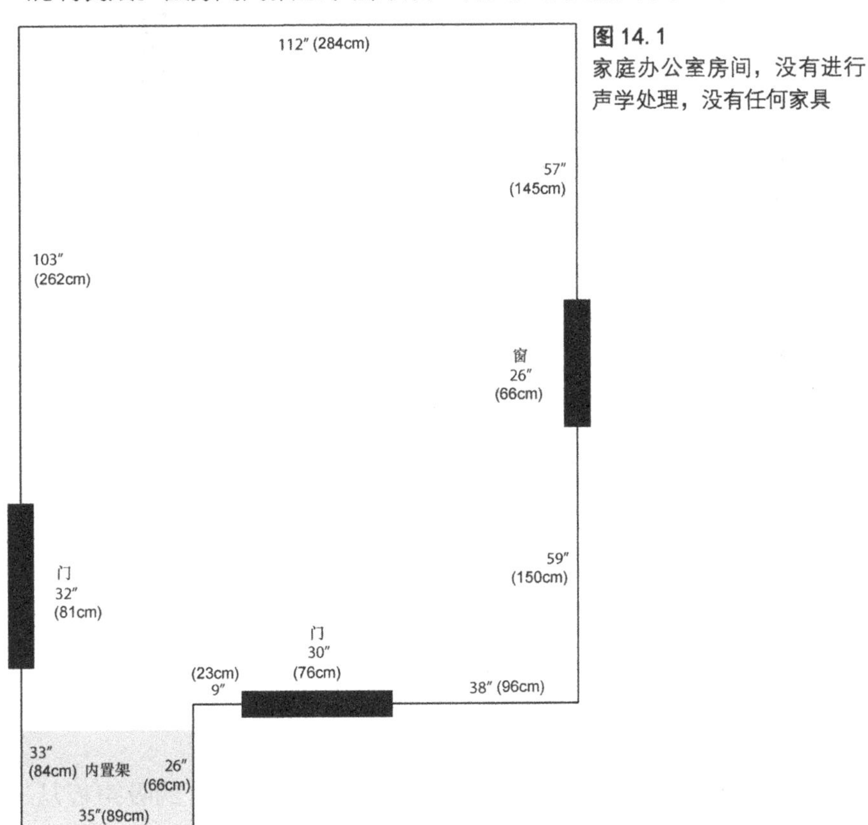

图 14.1
家庭办公室房间，没有进行声学处理，没有任何家具

请看这个房间，我们首先确定工作室的朝向，沿着短边放置监听音箱，使监听音箱朝向你身后短边那面墙的门。这样可以将监听音箱放在房间两边对称的一端，并且利用房间的长边，使房间不对称的部分在中心听音位置的后方，如图 14.2 所示。

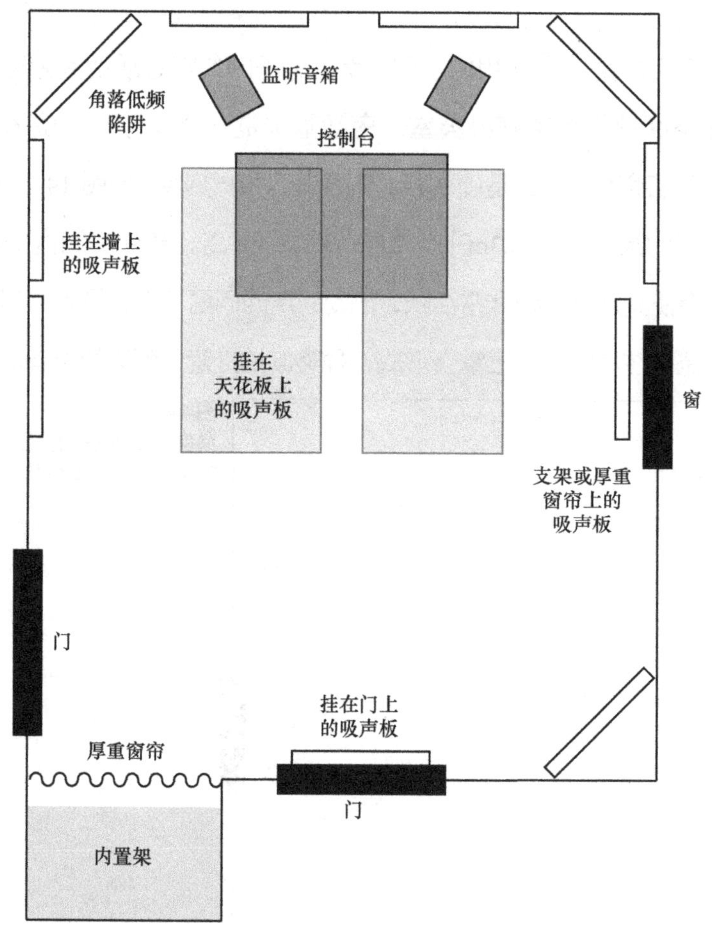

图 14.2
以前的家庭办公室，现在是一个多功能工作室，有很好的一次反射声控制和低频陷阱

低频声

我们的首要任务是处理好低频。使用 0.6m × 1.2m 的吸声板从

地板一直覆盖到天花板，安装在房间内的 3 个敞角内，形成宽频带吸声体，用于处理低频。房间剩下的一个角落是一个凹角，里面有几个架子。这些架子可用于储物，不过它们还有另一个更重要的用途——作为低频陷阱。在架子顶部填满吸声材料，吸声材料是经过切割的尺寸合适的硬质玻璃纤维板，也可以使用声学泡沫板或者蓬松的玻璃纤维，一直填充到天花板，填满整个空间。以同样的方式填充架子底部。如果使用玻璃纤维填满了架子内这两个区域，用布覆盖住玻璃纤维，以防玻璃纤维释放到房间内。如果不需要这些架子，在剩下的两个架子内也按照上述方法填满，以便进行更多的低频控制，如图 14.3 所示。

图 14.3
通过在架子的顶部和底部填满吸声材料，工作室后面的这个凹角区域将成为一个有效的低频陷阱

如果没有把架子都填满吸声材料，也可以在架子前面挂一个厚重的帘子，这样可以遮盖住后面的杂乱，并且可以在后墙形成更多的吸声区域。帘子要足够长，拉开后仍然有很多褶，而不是拉平，这样对高频有一定的扩散作用。

反射声

我们用挂在房间两侧墙上的 0.6m × 1.2m 的吸声板控制一次反射声。在左侧墙（当你面对监听音箱时的左侧），可以将吸声板挂在墙上。使用一个镜子找到理想的安装位置，如第 9 章所述。如果你主要是坐着工作，吸声板的高度应该是墙高度的一半，在地板上方 0.6m~1.8m 处。如果你或者与你一起工作的音乐家是站着工作的，可以把吸声板挂得稍微高一点。

只能在右侧墙上挂一个吸声板，由于窗户的位置，第 2 块吸声板没有空间挂。有如下 4 个替代方案。

1. 可以选择在窗户上挂一个厚重的帘子代替一块吸声板。这个方法很简单，但同时帘子的吸声效果没有吸声板好。

2. 把吸声板安装在一个轻型背板上，把背板安装在支架上，使用一个竖直的话筒支架就可以，也可以自己用管子或者木头制作一个简单的架子，然后把架子放在窗户前面。

3. 在窗户前面，从天花板垂直悬挂一块吸声板。在天花板上安装挂钩，把吸声板安装在一块背板上，然后用一根或多根铁丝将背板悬挂到合适的高度上。

4. 用 2cm 厚的中密度板或者胶合板把窗户封住，然后将 0.6m × 1.2m 的吸声板贴在上面。这将使两面墙最一致，但是代价是失去了通风和光线。

可能我曾经在太多的洞穴一样的工作室内工作，因此我很看重外部景观和透光性。所以我更倾向于选择第 1 个或第 2 个方案，窗户可以通风和透光。也可以选择第 3 个方案，只要在你想欣赏户外的美景时伸手把吸声板取下来，就仍然可以通风和透光。

天花板方向的一次反射声可以用 0.6m × 1.2m 的吸声板处理。可以直接把吸声板贴在天花板上，也可以用挂钩和铁丝把它们吊挂在距离天花板几厘米的位置处，这将增强吸声板的低频吸声性能。在后墙的门上安装 0.6m × 1.2m 的吸声板处理后墙的反射声。

选择

为了更多的低频或宽频带吸声，也可以在墙面到天花板之间的角落呈 45° 角安装 0.6m × 1.2m 的吸声板。这将极大地增加房间内的宽频带吸声。实际上，所有的吸声材料都安装到位后，这个额外的吸声布置可能会使房间过于死气沉沉[1]。如果事实真是如此，可以考虑使用金属背板的玻璃纤维板恢复一些高频。

如果录音的音乐家站在或者坐在混音位置后面房间的后部，那么你可以考虑在那个位置上方再多安装两块 0.6m × 1.2m 的吸声板。在这种情况下，你可能希望房间后墙能更多地吸声，但是注意不要让房间变得死气沉沉。

1　声学上的说法，即反射声过少造成声音过干。

第 15 章

地下室

除非你跳过了前面的所有内容，否则你之前一定见过本章讲述的房间。在第 11 章中，工作室设计师兼建筑师拉斯·伯格将一个半地下室完全改造成了一个梦想中的工作室。然而，这一次，我们将采取一个更加务实的方法来创造一个可行的工作室空间。如果你忘了房间是什么样子的，在下文中将重新展示那个没有任何家具和未进行过声学处理的房间的样貌。

本章只关注房间内的主要区域。在接下来的章节中，将把储藏室改造为录音间，以及把楼梯下的储藏室改造成隔离计算机和其他噪声设备的设备间。

在我对房间进行声学处理之前，我在房间的布局设计上进行了一点尝试。我希望这个空间能够实现以下功能。

1. 作为工作室的控制室区域

2. 作为练习古典吉他和钢弦电声吉他的空间

3. 作为家庭影院或娱乐区

房间内布局示意图如图 15.1 所示。

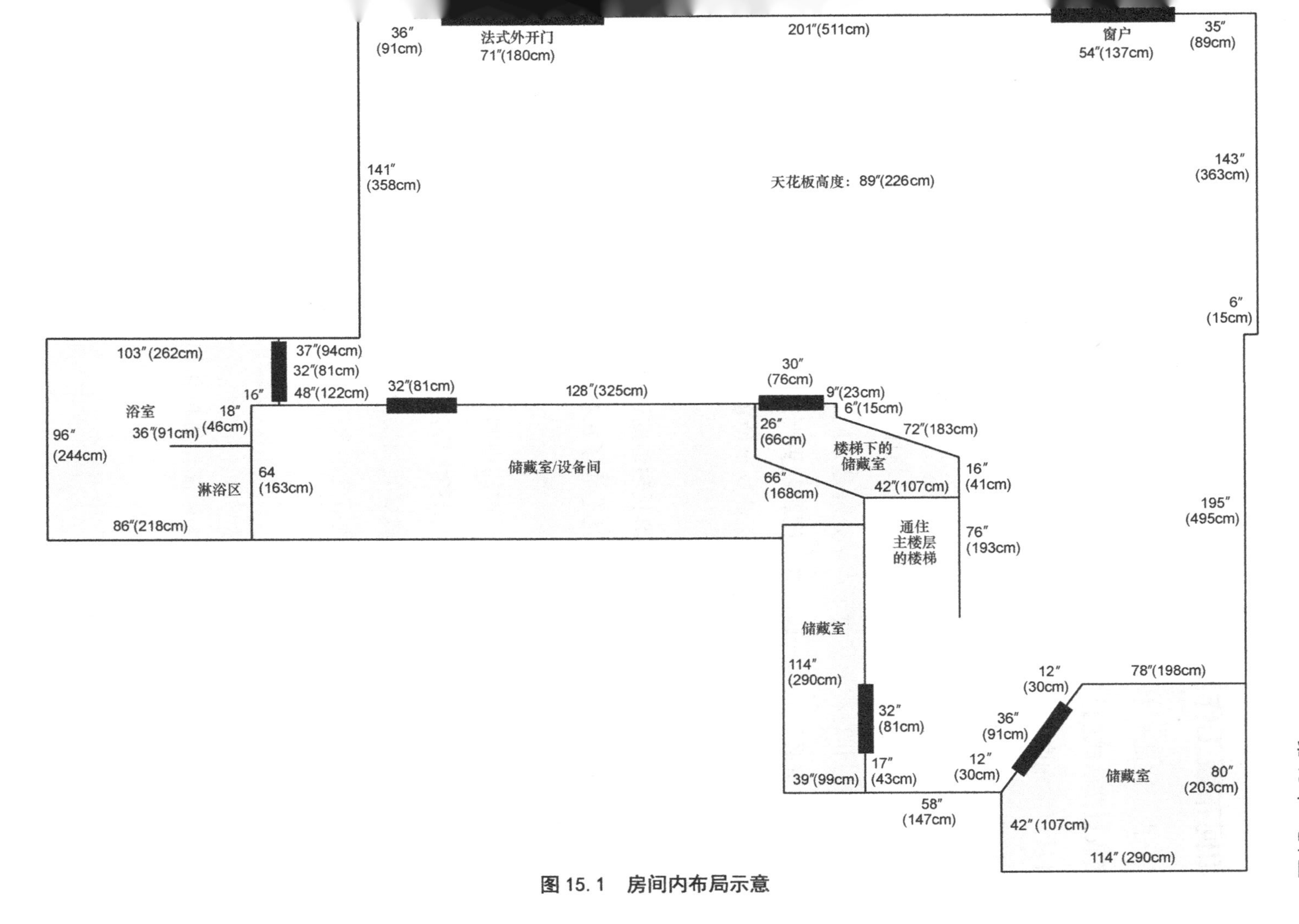

图 15.1　房间内布局示意

如何布置工作室的朝向?

由于这是一个 L 形房间，工作室可以朝向多个位置。将监听音箱放置在法式门[1]附近，沿着 L 形的长边辐射声音似乎最合理。而且从声学角度来说，这是理想的位置。但是临时将设备放在法式门附近后，我发现这样会挡住通往法式门的通道，并且侵占了通往地下室尽头整个浴室的通道。

将工作室布局在 L 形的短边处，将阻碍上下楼梯通道。并且这个区域的非对称形状对于声学处理是个问题，再加上为了通行方便，工作室必须靠向一边，这个问题就更严重了。非对称的房间形状造成的影响很容易被听出来，因此这个位置不可行，如图 15.2 和图 15.3 所示。

我也尝试将工作室安置在 L 形长短边的连接处，但是非对称的形状再次引起声学处理的问题并且造成了左右两侧听感上的差异如图 15.4 所示。

最终我把工作室布置在 L 形长边的中间处，这样听众面向有窗户和法式门的墙。选择这个位置有很多优势，具体如下。

1. 这里离侧墙很远，从那些侧墙表面反射回来的一次反射声的问题几乎不存在。从这个位置到侧墙的距离超过 3m，所以听音位置的一次反射声延时大于 20ms。

2. 房间非对称的部分在听音者的后方。

3. 便于将楼梯下的储藏室作为隔离计算机和其他噪声设备的隔音间使用（详见第 19 章“设备间”）。

4. 从法式外开门和窗户可以看到很棒的景色。如第 14 章所述，为

1 落地窗式玻璃门。

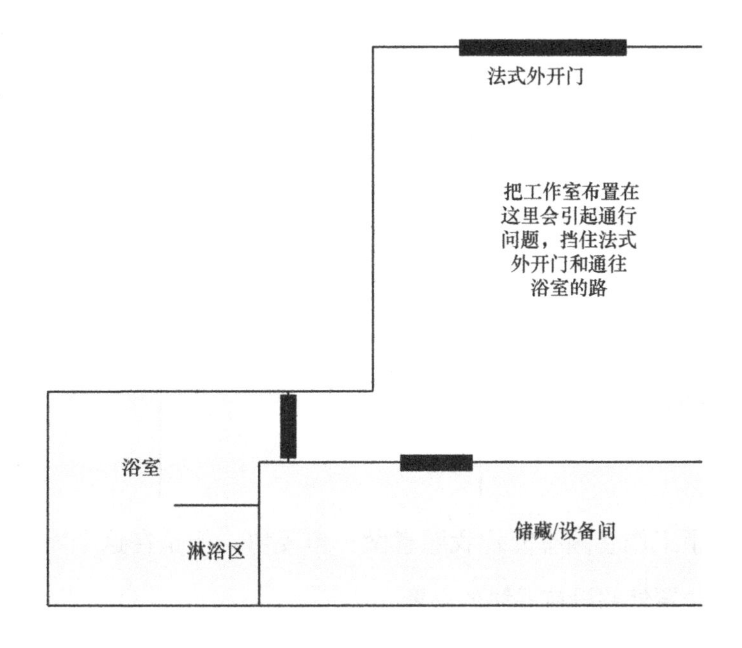

图 15.2
将监听音箱放在这个区域会引起通行问题

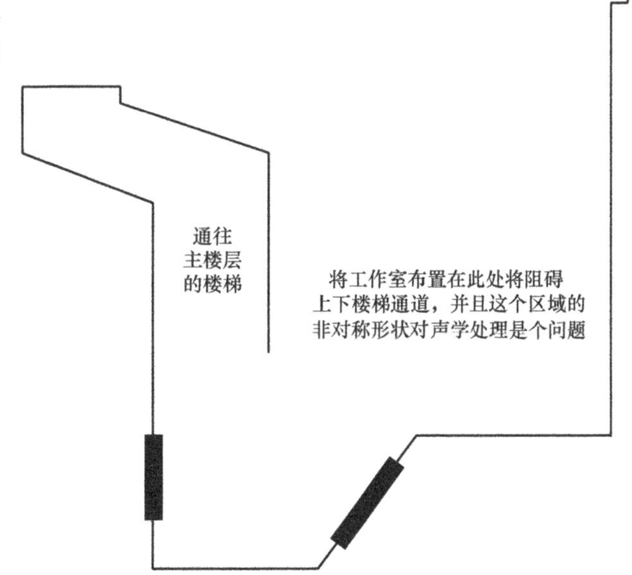

图 15.3
在房间的这个区域没有一个地方适合安置工作室，因为通行和对称性都是大问题

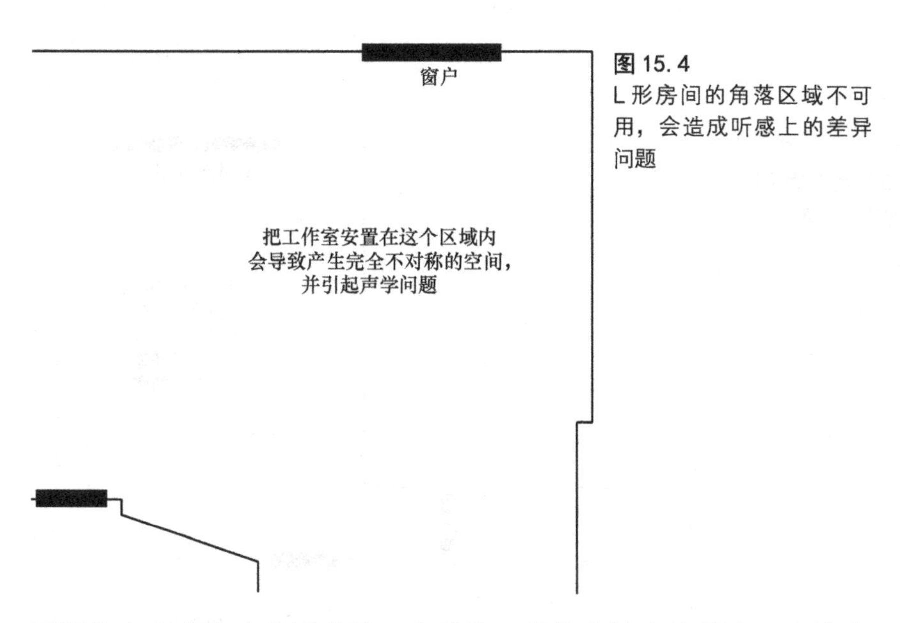

图 15.4
L形房间的角落区域不可用，会造成听感上的差异问题

了工作室内有窗户我愿意做一点妥协。但是在这个案例中，在这个位置处并没有妥协的必要。

5. 可以将家庭影院设置在工作室的一侧，因此可以在主要工作位置轻松看到电视，这适于消磨长时间、乏味的后期编辑时间。此外，音乐家和客人可以在进行后期编辑时坐在沙发上放松。

6. 工作室不会阻碍上下楼梯、进出浴室，以及进出法式外开门的通道。

7. 在房间尽头的家庭影院对面、法式外开门前面是练习吉他的好地方。

8. 可将楼梯间附近区域作为其他用途，例如家庭娱乐、录音等。

9. 大储藏室很容易改造为一个录音间（详见第 18 章“录音间”）。

10. 可将楼梯下的储藏室存放话筒和话筒架、吉他功放、软件说明书、线缆和其他工作室必需品。

这个工作室布局的缺陷是听音位置离后墙的距离较近。不过在听音测试中我发现这个影响不大，尤其是在对房间进行声学处理之后。房间后侧和听音者右侧不对称的区域也有缺陷。不过在对房间进行试听之后，我发现无须在意这个区域。如果这个空间造成了不好的声学环境，有多种解决方案，如将可移动的吸声板安装在支架上放在开口的地方，可以在开口的地方挂厚重的窗帘将其封闭，或者对房间本身进行吸声处理。

在对地下室的多个位置尝试布置工作室之后，这种布局似乎是最可行的方案。房间的所有需求都得到了满足，而且只需要进行最少的声学处理。图 15.5 ～图 15.7 显示了房间处理之前的样子，图 15.8 显示了房间最终的布局。

图 15.5
看向法式外开门。图片上方，两个书架前面是电声吉他练习区域（戴维 · 斯图尔特拍摄）

图 15.6
从楼梯下的储藏室（后来变成了设备间），朝前看向工作区域（戴维 · 斯图尔特拍摄）

图 15.7
房间的后部（戴维·斯图尔特拍摄）

为了对所使用的声学处理的效果有一个衡量标准，我对房间内的 3 个位置进行了扫频信号录音。这 3 个位置具体如下。第 1 个位置在工程师的听音位置处；第 2 个位置在工程师后方的制作人或者音乐家的位置处；第 3 个位置在靠近后墙的位置处。中频和高频的效果非常好，没有严重的问题。在前面和后面的墙上需要用一些吸声材料处理峰值，但是侧墙不需要处理。听音测试证实了这一点——高频和中频的问题和扫频信号测试的结果非常一致。我对扫频信号的低频段进行了分析，结果如图 15.9 所示。注意工程师听音位置处的声压级——从最高的峰值到低谷接近 50dB。我们的目标就是大幅度减少这个差值，从而使整体的响应更加平滑。

显然仍然存在一些共振模式，不过整体效果还不错。这可能是由于房间尺寸，以及工作室区域和储藏室 / 设备间之间只有一层石膏墙板，低频声波可以穿过这样一个没用的障碍。结果导致对于低频来说，这两个空间几乎是一体的。

这个地下室空间的声学处理方式实际上非常简单，正如你将在下文中看到的：主要采用宽频带吸声体如图 15.10 所示。

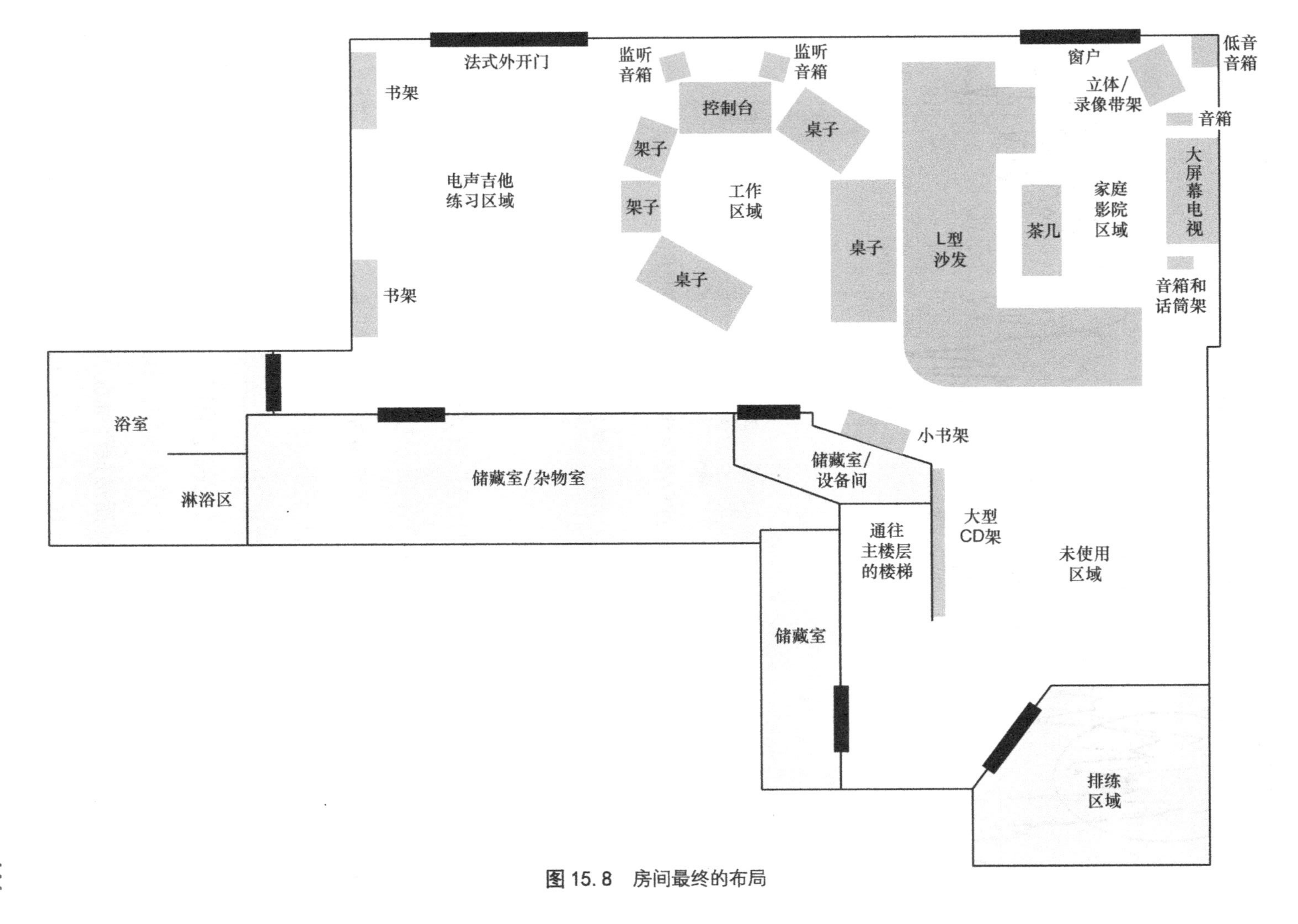

图 15.8　房间最终的布局

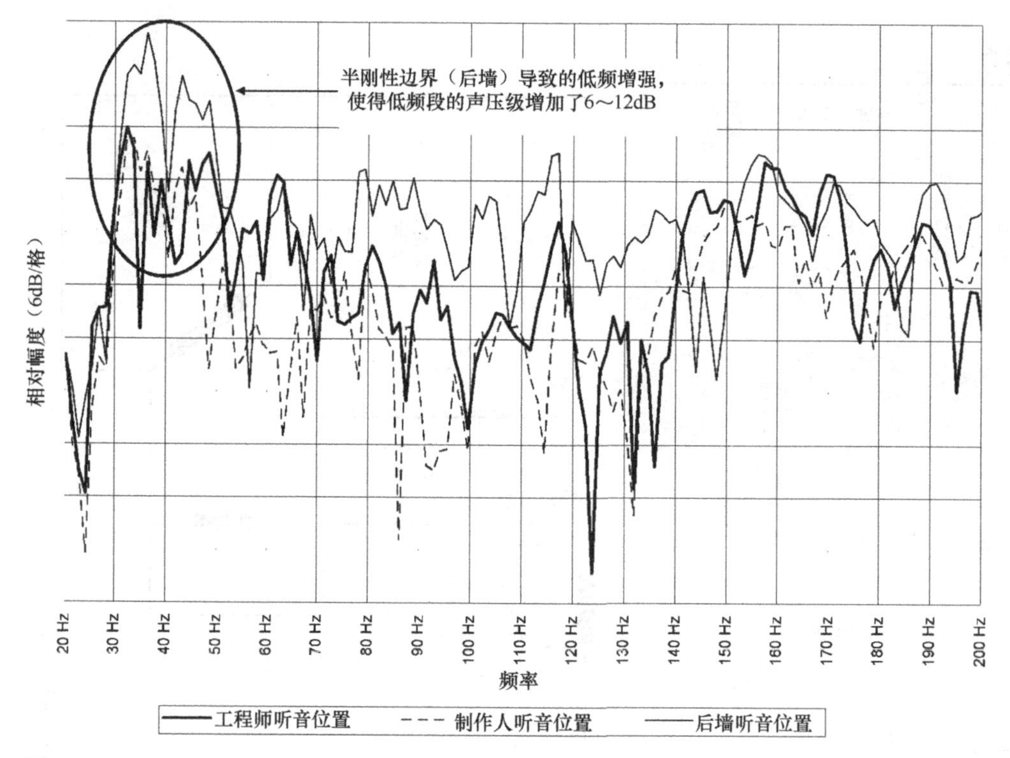

图 15.9
在进行声学处理之前控制室区域的低频响应（由傲世声学公司提供）

低频声

我们从低频处理开始。因为附近没有角落，所以我们决定利用吊顶上方的空间作为低频陷阱。吊顶上方大约有 13cm 净高的空间，上面是支撑上方地板的横梁，在里面填充了玻璃纤维。

我们想更换混音位置正上方的天花板贴面板，因为现有的天花板表面坚硬，会将中频和高频声音反射回来，并且反射声会再次被地板反射回来，地板仅在水泥地面上铺了地毯，没有地毯垫。任何吸声材料都可以用来替代现有的天花板贴面板。贴面板尺寸是 0.6m × 0.6m，可以用合适尺寸的硬质玻璃纤维板、声学泡沫或者其他吸声性能更强的面板替代。在选择天花板贴面板的时候要仔细挑

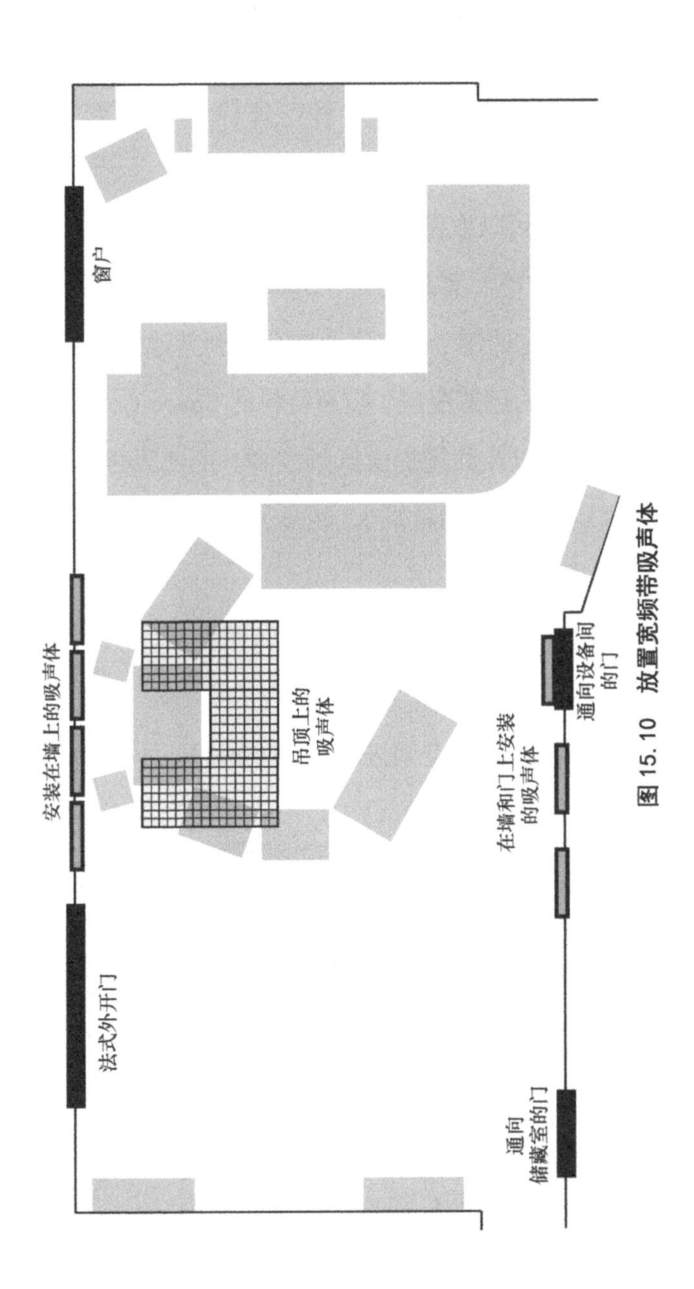

图 15.10　放置宽频带吸声体

选，因为有些类型的声学性能优于其他类型。如果有疑问，请在购买前参照贴面板的 NRC 和吸声系数。

最终，我们使用了傲世声学公司的一种新产品，称为“Space Coupler”，它的作用就像透镜一样，会改变声波的方向。为了增强吸声性能，我们在 Space Coupler 上覆盖了一种吸声材料 SonoFiber。我们在可以放置的地方用了 2~3 倍的 SonoFiber 材料，以获得更好的低频性能。有趣的是，Space Coupler 也会有些扩散作用，因为声波入射它的每个小格子会被分散到其他方向。图 15.11 显示了傲世声学公司的顶部覆盖了吸声材料的 Space Coupler 如何用于分散声波的方向，以及如何提供低频控制。顶部吸声材料尽可能厚一点，从而提供最大的低频控制。四周的横梁填充了绝缘的铺展开的玻璃纤维。

图 15.12 显示了 5 块天花板贴面板如何被新的声学处理方式替代。我们无法替换听音位置上方正中心的那块面板，因为那里是 HVAC 管道。当你对现有空间进行声学处理时，不可避免地会受到

图 15.11
傲世声学公司的 Space Coupler，顶部覆盖了吸声材料，用于分散声波以及提供低频控制（戴维·斯图尔特拍摄）

图 15. 12
5 块天花板贴面板被新的声学处理方法替代。（戴维·斯图尔特拍摄）

限制。不过，令人欣慰的是，U 形处理完美解决了天花板一次反射声的问题。

这种声学处理的效果非常好。图 15.13 显示了对天花板进行声

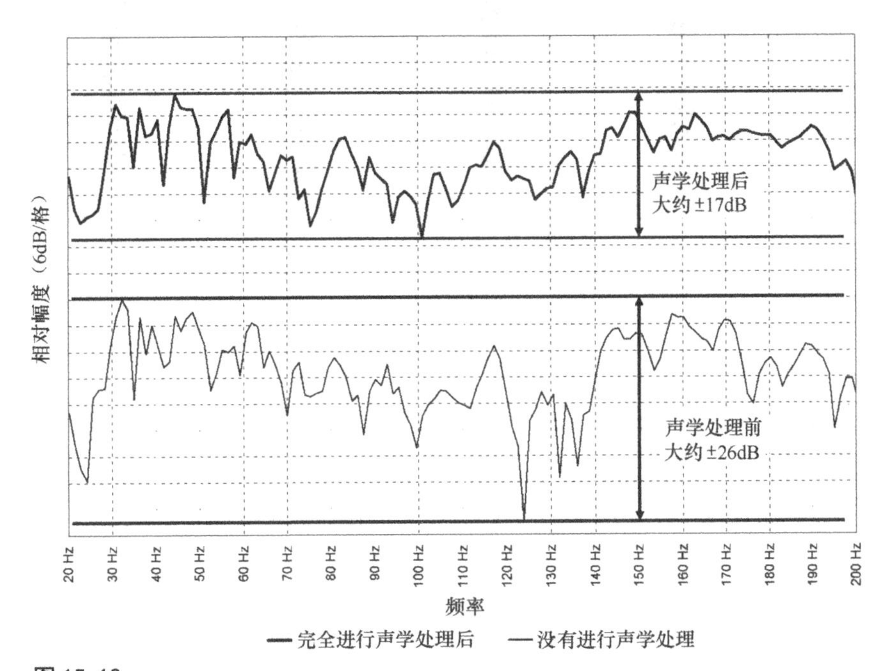

图 15. 13
上下两张图显示了对天花板进行声学处理前后该空间的低频响应（由傲世声学公司提供）

学处理前和声学处理后的低频响应。下图是进行声学处理前的低频响应，上图是进行声学处理后的低频响应。低频响应的变动范围从52dB(±26dB)降低到34dB(±17dB)。因此我们用最少的声学处理，获得了低频响应实质性的改善。

和改善低频响应同样重要的是平滑低频混响衰减的声学处理，如图15.14所示。

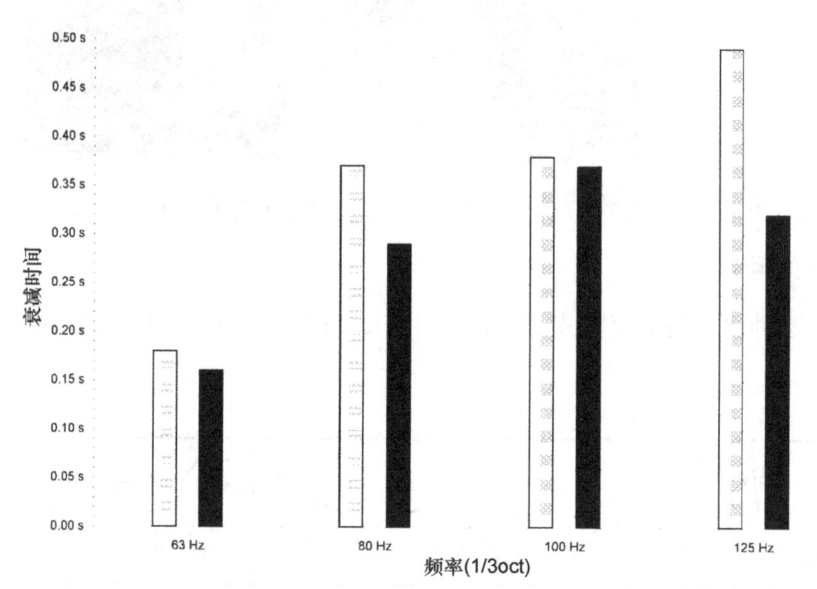

图 15.14
图中对比了声学处理前后1/3倍频程的衰减时间。(由傲世声学公司提供)

在本次应用中，Space Coupler 的效果非常好，但通过在吊顶中安装尺寸合适的吸声板，然后覆盖尽可能多的吸声材料用以提高低频性能，也可以获得类似的结果。

反射声

听音位置与侧墙之间的距离使得这个空间的反射声处理相对简单。所有需要做的就是在后墙使用一些尺寸为0.6m×1.2m的吸声板，用于处理听音位置后方的反射声，以及在监听音箱后侧墙上铺尺寸为 0.6m × 1.2m 的吸声板。

为了在监听音箱后方的墙上安装吸声板，我们在墙上拧了一排“刺穿器”。只需要将硬质玻璃纤维板简单地推到这些钉子上即可，简单而且有用。也可以在墙上固定一排钉子或者螺丝钉来完成同样的事情，不过确保螺丝钉或者钉子不要伸出太多，以防止从吸声板的另一侧伸出来，如图 15.15 所示。

图 15.15
钉在墙上用于安装玻璃纤维板的钉子（戴维·斯图尔特拍摄）

如果你选择使用声学泡沫替代玻璃纤维板，你有多种安装的选择。你可以直接用胶把它粘在墙上。确保使用合格的胶水，因为有些类型的胶水会腐蚀声学泡沫。这样效果很好，但它也有一个缺点：以后把胶水从墙上弄下来很麻烦。你也可以把声学泡沫安装在一块薄背板上，然后把背板安装在墙上，或者像画一样挂在墙上，或者用钉子钉在墙上，如图 15.16 和图 15.17 所示。

为了增强低频性能，你可以把泡沫粘在龙骨上，然后用垫片把龙骨安装在墙上，这样在泡沫后面会形成空腔。有关此技巧的更多信息，请参阅第 17 章。

图 15.16
使用激光水平仪（左上角）确保面板安装在一条直线上（戴维·斯图尔特拍摄）

图 15.17
使用同样的方法安装后墙吸声板。未显示的是挂在门前的第 3 块吸声板。将这块吸声板安装在一块轻薄的面板上，然后挂在门上的一个细钩子上（戴维·斯图尔特拍摄）

图 15.18 显示了 6 块硬质玻璃纤维板安装前后，房间在 2000Hz 到 5000Hz 频段的频率响应。注意声学处理对 3000Hz 附近巨大的低谷的影响。

这就是我们对这个房间进行声学处理的程度。在建设了好几个工作室之后，我更喜欢进行尽可能少的声学处理。当然，还是要对房间进行充分的声学处理以获得好的响应和声音。很容易对房间进行过度的声学处理，尤其是对中频和高频的吸收，使得空间没有活力。

在工作室进行了大量的监听之后，我对效果非常满意。两侧和前后的最佳听音位置区域扩展了很多。低频的均匀度令人惊讶，我

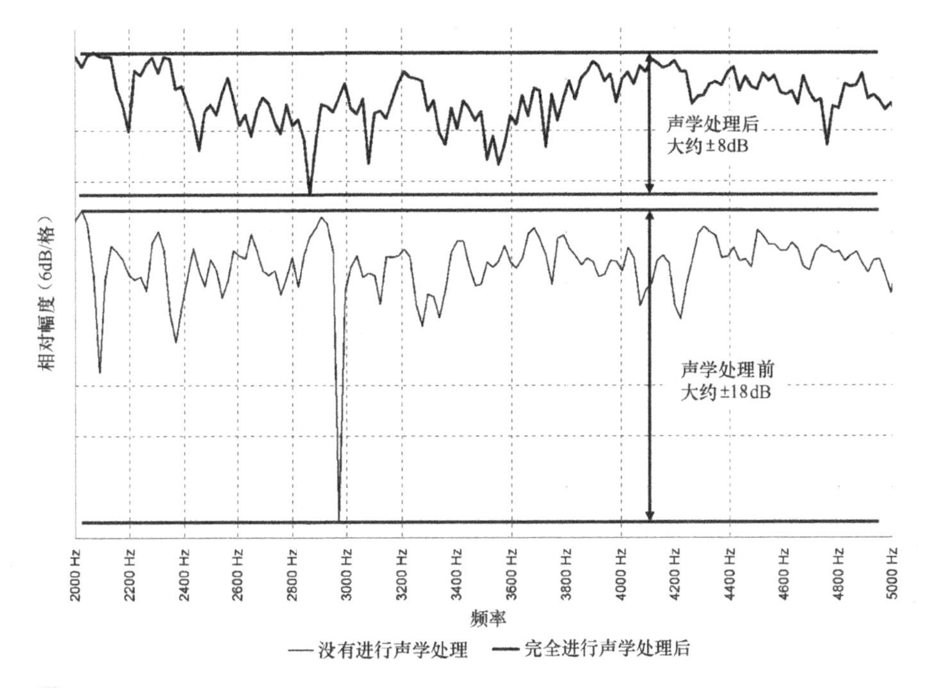

图 15.18
对房间进行声学处理前后的高频响应。声压级范围得到改善，从 36dB（±18dB）降到 16dB（±8dB）（由傲世声学公司提供）

能更好地听清低音乐器的音高和音色，而且我听到了在其他录音棚里如果不用低频辅助或者低频增强系统根本就听不到的低音。

中频和高频比较平滑，但是有一个例外，Digidesign 的 Control 24 控制台表面存在一次反射声，并且造成了相位抵消。如果你觉得可能有这个问题，可以使用与之前用镜子找侧墙的一次反射声同样的方法，使用镜子进行检查。把镜子放在控制台面上，如果你能看见镜子里反射出的监听音箱的高音单元，就有问题。如果想彻底检查，你可以用同样的方式，使用镜子检查主监听位置周围的任何界面——机架、餐桌、书桌、计算机监视器等。

你和监听音箱之间的控制台或者书桌的反射声会导致明显的差别。图 15.19 显示了控制台上没有覆盖吸声材料的频率响应（下图）和控制台上已覆盖吸声材料的频率响应（上图）。增加吸声材料后，高频响应的峰和谷之间的范围从 14dB(±7dB）降低到了 8dB（±4dB），减少了 6dB，显著地平滑了频率响应。

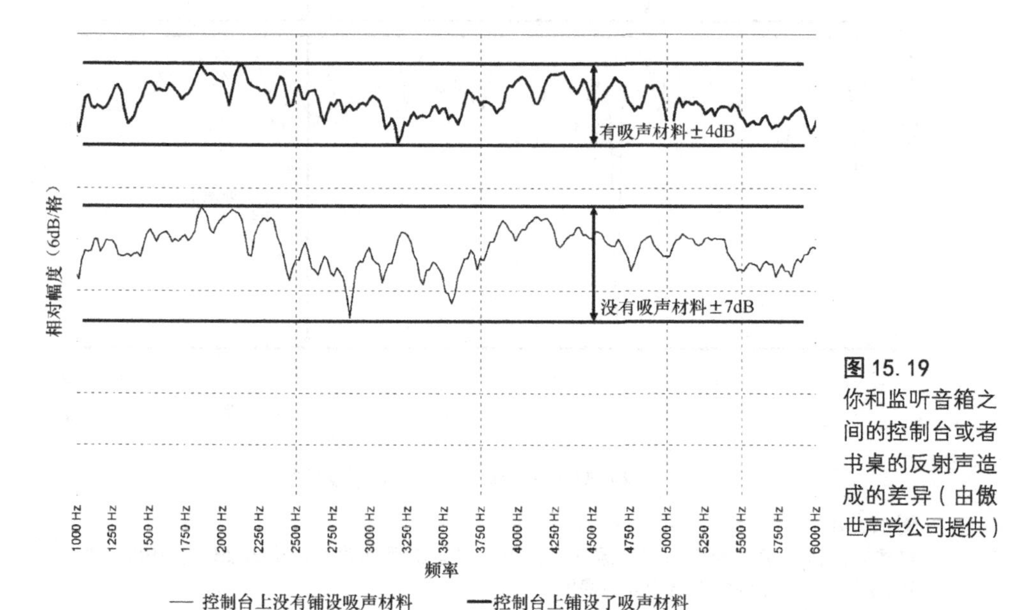

图 15.19 你和监听音箱之间的控制台或者书桌的反射声造成的差异（由傲世声学公司提供）

对于来自控制台的反射声，有以下 4 种解决方案。

1. 稍微向前或向后移动控制台以移动反射点。

2. 向上或向下倾斜控制台以改变反射声方向。

3. 当你进行监听时，在控制台上覆盖吸声材料。

4. 不要控制台或台面，完全使用计算机工作。

图 15.20 展示了采用最少的声学处理后完工的空间：天花板有 5 块吸声板 / 扩散板，前方墙上有 4 块吸声板，后墙上有 2 块吸声板（门上另有一块）。

图 15.21 从另一个角度展示了这个完工的空间。剩下的就是最终决定用于放置设备的家具了，然后工作室就可以使用了！

图 15.20
使用最少的声学处理产生的效果（戴维·斯图尔特拍摄）

图 15.21
另一个角度看到的房间（戴维·斯图尔特拍摄）

第 16 章

卧室

在这一章中，我们有一个独特的任务。我们需要处理一个简单的卧室，如图 16.1 所示。

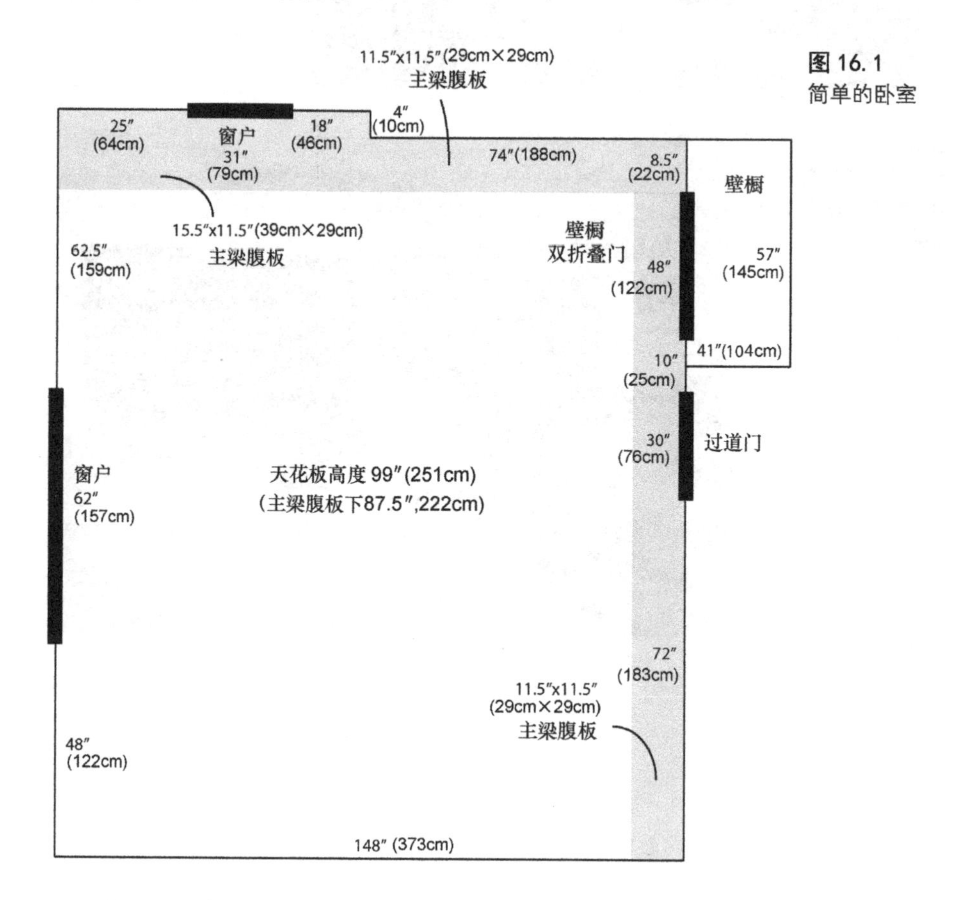

图 16.1
简单的卧室

是不是看起来就像大部分普通的转角卧室？在很多人的家中都能找到这样的卧室。我征询了 5 个不同的来源的设计方案，方案分别来自两个顶级工作室设计师，包括本书前面我们就认识了的拉斯·伯格设计团队的拉斯·伯格和 Walters-Storyk 设计组的约翰·斯托里克，约翰·斯托里克设计了无数工作室、家庭影院和其他的房间，你可以在 wsdg 网站上查看他的设计案例；其他设计师来自 RealTraps、傲世声学和 Primacoustic。拉斯·伯格和约翰·斯托里克给出了各种具体的处理方法，3 家声学公司在它们相关的产品目录中列出了具体的产品。所有设计师都是基于立体声监听设计方案，不过，如果需要也可以选择增加 5.1 环绕声监听。

房间的尺寸大约为 4.3m 长，3.7m 宽，2.5m 高。墙和天花板是石膏板。地毯已从地面上拆除，露出了下面的混凝土。在一个角落处有一个很大的壁橱，有两扇金属折叠门。在两面墙的天花板上有一个主梁腹板覆盖着管道系统。透过两扇窗户可以看到风景优美的后院。有包括混凝土地板在内的 6 个坚硬的表面，因此这是一个声音活跃的房间。拍拍手，混响就会持续很长时间，未经处理的房间的低频响应如图 16.2 所示。

Primacoustic公司的设计方案

Primacoustic 公司的皮特·詹尼斯主要关注控制反射声以及 7790Hz 和 137Hz 频段的低频问题（根据房间的尺寸计算）。他建议听音者面向空白的一面墙，监听音箱沿着房间的长边辐射声音。Primacoustic 公司的设计如图 16.3 所示。

詹尼斯详述了 5 种处理（用图 16.3 中的圆圈数字表示）。

1. Europa 83。这是一种用固体泡沫块组成的 0.9m×2.4m 的泡沫楔形设计，可以由使用者自行组装成独特的外观。目的是减少监听音箱后墙的反射声。

2. Australis。使用了 6 个这种泡沫低频陷阱改善低频响应，并提

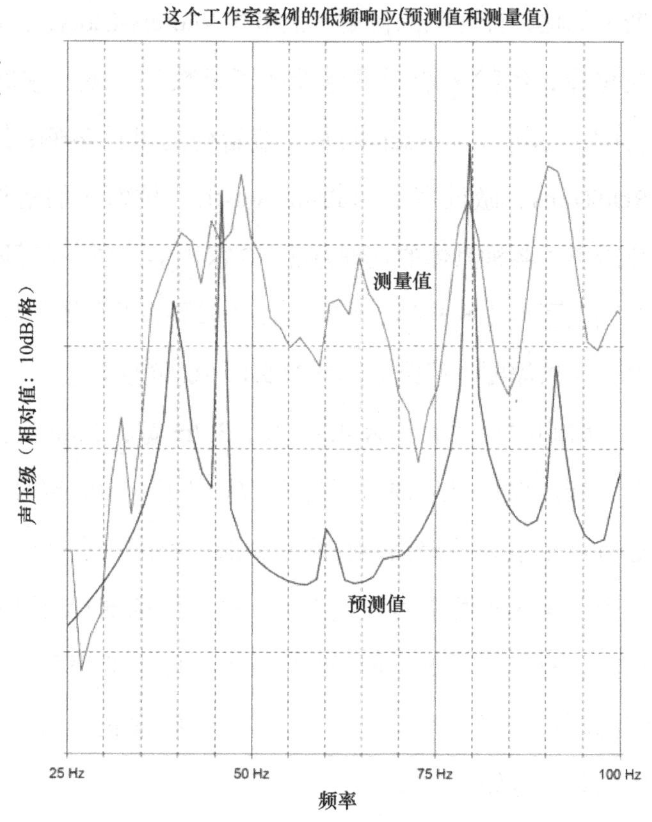

图 16.2
该分析显示了未经处理的房间的低频响应（由傲世声学公司提供）

供中频和高频的吸声。这些角落型陷阱 0.3m 深，由固体泡沫块制作。

3. Orientique。将这些 0.9m × 0.9m 的泡沫“搓衣板”面板安装在侧墙上，用于减少颤动回声、驻波和一次反射声的问题。

4. Scandia。“散射板”安装在后墙上，用于减少前后墙来回反射声。这些泡沫面板主要用于吸声，但是它们也可以产生被 Primacoustic 公司称为“软扩散”的效果，有助于对声能进行扩散。

5. 听音位置上方天花板用 Cloud-9 天花板套件进行处理（在图 16.3 中没有显示），它可以创建一种“吸声云”。这样就形成了一个无反射区域，并且在房间后部的声音感觉很活跃，模拟了经典的一端活跃、一端沉寂的录音棚设计。

詹尼斯建议在房间里放一组柔软的沙发，这有助于处理房间模

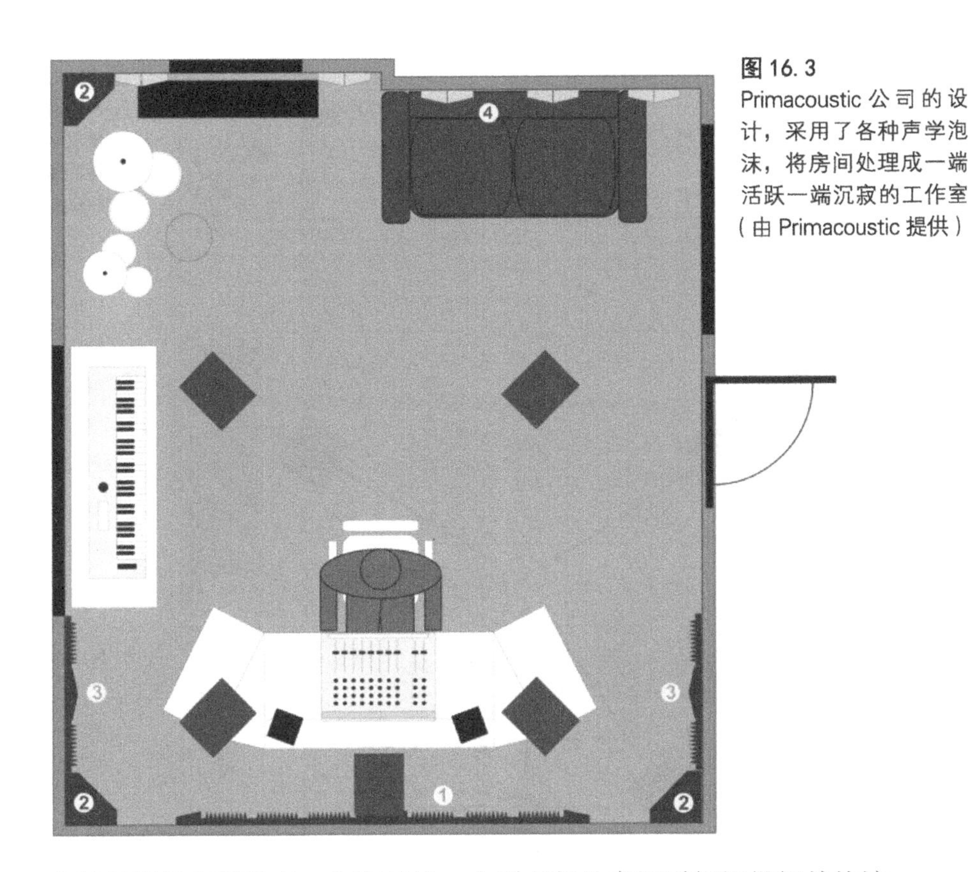

图 16.3
Primacoustic 公司的设计，采用了各种声学泡沫，将房间处理成一端活跃一端沉寂的工作室（由 Primacoustic 提供）

式并且提供高频吸声。在窗前放一个矮书架为房间后部提供额外的扩散。如果房间声音太活跃，詹尼斯建议用吸声材料处理沙发的正面。

RealTraps公司的设计方案

RealTraps 公司的伊森·温纳建议转变工作室的朝向，使监听音箱沿着房间的长边辐射声音。他详述最佳听音位置为距房间内 38% 的位置处，这里可以避开房间共振模式的峰或者谷的位置。他的理念是将听音位置左右移动几厘米，避免正好坐在共振模式的谷的位置。RealTraps 公司的设计如图 16.4 所示。

温纳的设计方案使用了其公司的 3 种产品对房间进行声学处理。他建议采用对房间墙壁损坏最小的方式安装这些声学材料。

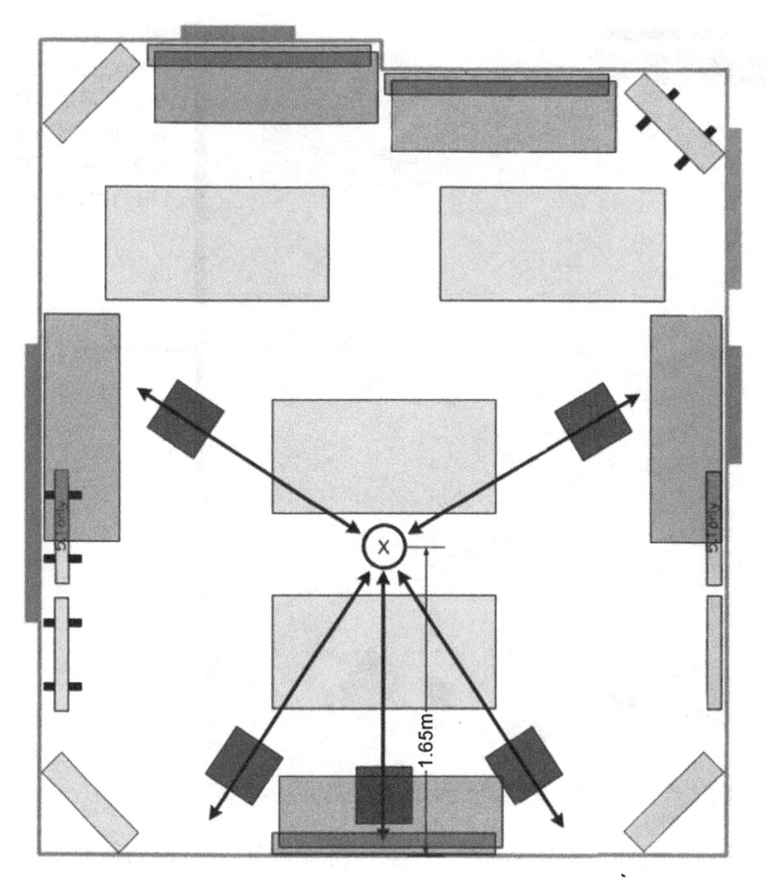

图 16.4 RealTraps 公司的设计使用了宽频带吸声板控制低频问题（由 RealTraps 提供）

1. 在房间墙与墙的角落处使用了 4 块 MondoTrap，作为宽频带吸声板。3 块被安装在墙上；第 4 块被安装在支架上，放在角落里壁橱边。

2. 5 块 MiniTrap 倾斜 45° 安装在墙与天花板的角落处，提供额外的宽频带吸声。

3. 在后墙上安装了 2 块 MiniTrap 吸收反射声，因为后墙与听音位置后方之间的距离不足 3m。

4. 将 1 块 MiniTrap 水平安装在监听音箱的后方的墙上。

5. 对于一次反射声控制，温纳指定用 6 块轻质的 MicroTrap，它们主要吸收中频和高频。将 2 块 MicroTrap 安装在两边的侧墙上，将

2 块 MicroTrap 安装在听音位置上方的天花板上。在房间有窗户的一侧，将 MicroTrap 安装在支架上。

6. 如果将房间后部区域用于录制人声或者乐器声，可以选择性地额外使用 2 块 MicroTrap 吸声板安装在房间这部分上方的天花板上，有助于减少反射声问题（在图 16.3 中显示了可选择性使用的 MicroTrap 吸声板的位置）。

傲世声学公司的设计方案

傲世声学公司的设计着重控制房间内的混响衰减时间，如图 16.5 所示。傲世声学公司的杰夫·西曼斯基测量了房间的混响时间为 0.45s，是大多数控制室期望达到的混响时间的两倍多。在使

图 16.5 傲世声学公司的设计着重于控制混响时间（由傲世声学公司提供）

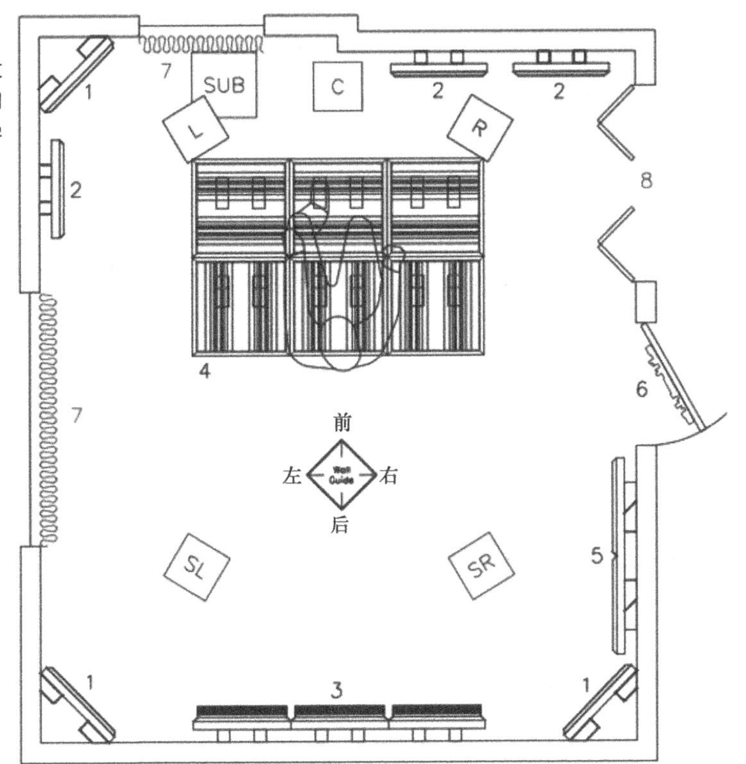

用吸声后，西曼斯基的方案将混响时间降到 0.35s 左右，比期望的控制室的混响时间长，但是这种活跃度使得房间也适用于进行多轨录音。

傲世声学公司的方案结合了吸声和扩散。以下清单的序号和图 16.5 中标注的数字一一对应。注意录音棚朝向使得监听音箱沿着房间的长边辐射声音，听音者面向有窗户的墙。

1. 在房间角落以 45° 安装 TruTrap 吸声板，提供宽频带吸声。

2. 在前墙上安装 2 块 TruTrap 吸声板，将第 3 块安装在左墙上以减少反射声。

3. 将另外 3 块 TruTrap 吸声板安装在后墙上，控制前后墙来回的反射声。但是除了吸声外，还在 TruTrap 吸声板的表面安装了 Q'Fusor 扩散体，使后墙的反射声扩散。

4. 在听音位置上方的天花板上铺了 3 块 TruTrap 吸声板。如果想要更多的扩散，可以在这些吸声板上贴 Q'Fusor 扩散体。

5. 将一块 TruTrap 吸声板水平安装在后方右墙上。

6. 在通往房间的门上安装了 2 块 Q'Fusor 扩散体使反射声散开。

7. 西曼斯基建议在窗户上挂厚重的窗帘。窗帘应该在被拉开后仍然有很多褶皱，以获得最佳的声学效果。

壁橱可以选择填充隔声材料、衣服，或者其他吸声材料以提供更多的宽频带吸声。

Walters-Storyk设计团队的设计方案

约翰·斯托里克在设计时考虑了整个房间，包括如何放置设备和朝向哪个方向，如图 16.6 所示。斯托里克选择了面向工作室的大窗户，让后院的视野畅通无阻，并且解决了窗户的声学处理问题。

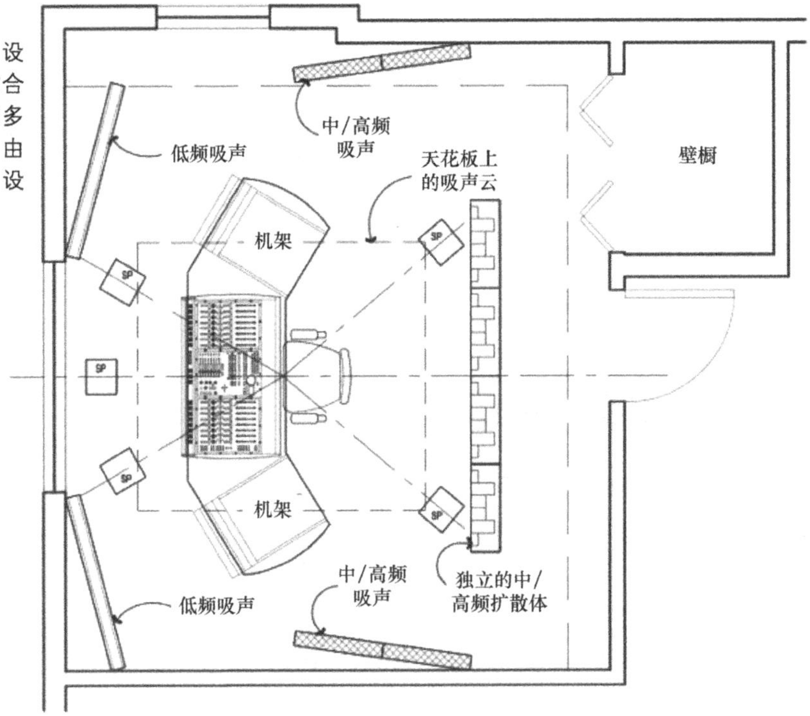

图 16.6
Walters-Storyk 设计团队的方案结合了宽频带扩散和多种类型的吸声（由 Walters-Storyk 设计团队提供）

在进行设计之前，约翰·斯托里克使用专业软件对房间进行了分析，用以确定房间中哪里可能会出现声学问题。他指出房间前面的角落需要用低频吸声体处理。

斯托里克使用声线跟踪法或者反射声控制分析方法找出房间中有可能引起问题的反射声。他用以下两种方法解决反射声问题。一是在侧墙上使用中频和高频吸声解决一次反射声，二是在听音位置后方放一个独立的宽频带扩散体。扩散体将打乱前后反射声的方向，并且还有另外一个用途，在扩散体后方创造一个可以录制人声或者乐器声的区域。斯托里克说这个扩散体可以扩展最佳听音区域宽度，并且改善立体声声像。

一个悬挂在听音位置上方天花板上的特制吸声“云”用于对中频和高频进行吸声。可以将低频吸声体放置在“云”上方，对房间共振模式进行更多的控制。

斯托里克建议把所有的监听音箱放在支架上，而不是放在控制台“表桥”上或者装有调音台或控制台的桌面上。这将有助于减少控制台表面的反射声问题。他还建议在地板上没有铺地毯的房间里也这样做。如果房间里的声音太活跃了，有必要在地板上增加地毯，从而减少反射声。

拉斯・伯格团队的设计方案

拉斯・伯格的设计使听音者面向空白墙壁，监听音箱沿着房间的长边辐射声音。听音位置在距离前墙 2m 的位置处，监听音箱至少距离前墙 0.6m 以减少低频累积，如图 16.7 所示。

拉斯・伯格设计团队预测房间在 160Hz 左右有很大的缺陷。他

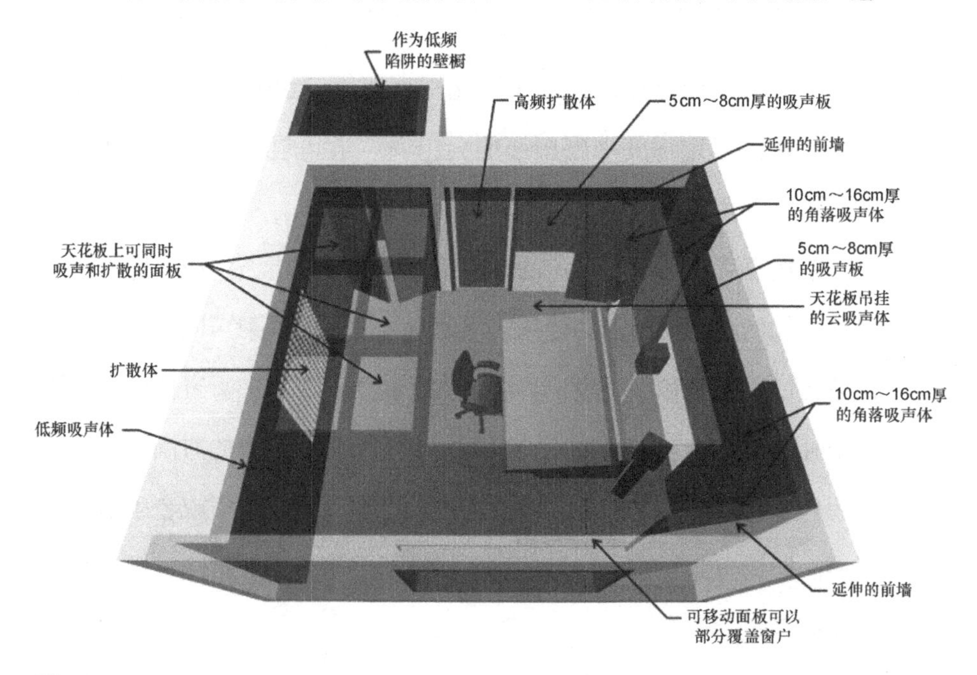

图 16.7
拉斯・伯格团队的设计方案将房间的一扇窗户封上了，另一扇窗户则使用一块可移动的铺设有吸声材料的面板处理（由拉斯・伯格设计团队提供）

们的方案需要对房间前面的角落进行大量吸声——从地板到天花板铺设 10cm ~ 16cm 厚的玻璃纤维吸声材料，在角落里倾斜。这将起到宽频带吸声的作用，并且有助于将反射声分散开。

伯格建议在后墙中间铺设扩散材料，在后墙其余地方铺设厚的吸声材料。他建议密封窗户，并且在角落处也采用厚重的吸声材料。用可移动的吸声板处理另一扇窗户，处理方式可以是铰链式、滑动式，或者安装在支架上。

将一种云吸声体吊挂在天花板下 5cm ～ 10cm 的地方，提供一次反射声控制和宽频带吸声。这种云吸声材料覆盖了房间前部 2/3 的空间。对剩余的天花板同时采用吸声和扩散处理，这将有助于房间的后部响应均衡。

在前墙上和侧墙上都铺设了吸声材料，铺设的位置为离地面 0.9m ～ 2.1m。在门上安装扩散体。

伯格建议使用壁橱放置计算机和噪声设备。壁橱内应该铺满吸声材料。为了获得更好的性能，用周边木质框架的吸声板代替壁橱门。这将使壁橱变成一个巨大的低频陷阱。

另一种方案

即使在这样显赫、知识渊博、有经验的公司，我也不想多花钱！下面介绍的是一个主要采用吸声板的经济型房间设计方案，如图 16.8 所示。

我们首先处理房间的角落，用从地板到天花板的吸声板形成宽频带吸声体。我们将采用 RealTraps 公司的设计方案中的一个技巧，在右后方角落处（有壁橱的那个）将吸声材料安装在支架上。

用 0.6m × 1.2m 的吸声板处理前墙和侧墙。将其中 1 块吸声板安装在支架上，放在窗户前面。采用 0.6m × 1.2m 的吸声板处理天花板。

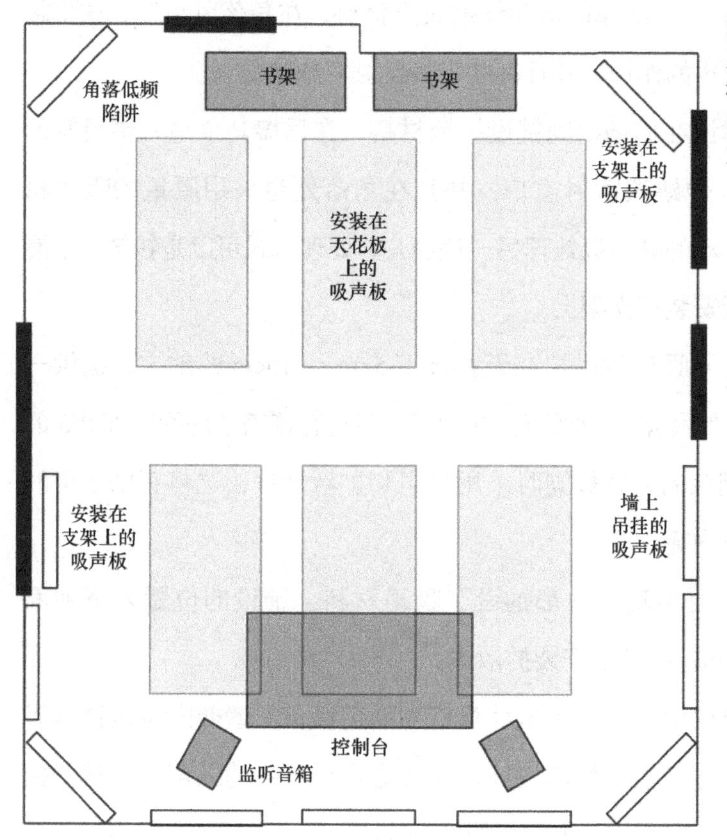

图 16.8
用于扩散的吸声板和书架是这个卧室设计方案的主要特征

将两个大书架放置在靠后墙的位置用于扩散。一个大书架覆盖了后窗的大部分面积；将两个书架对齐使后墙平整，消除了后墙中的一些凹凸不平对声音的影响。

壁橱可用于储物或者用吸声材料对其进行处理后作为“机器壁橱”，用于放置有噪声的计算机和其他设备。为了达到最好的效果，现在的轻金属门应该用重一点的门替换，或者至少金属门内外都应用吸声材料处理，以防止嘎嘎声或者门的共振。

第 17 章

最佳外观代表：备用房间

这个工作室声学设计案例展示的是一个备用房间，它成了我在纳什维尔的工作室。该房间是一个位于有两个隔间的车库上方的大空间。该空间与房子的其余部分通过楼梯连接，房子的后部有一个完整的浴室。整个工作室都在一个房间内，控制室后面的区域用于录音。

在房间前面有一扇大窗户。因为房间在车库上方，所以有 1.5m 高的支撑墙，连接到天花板的一个有倾斜角的部分（沿着车库的屋顶线），这部分一直连接到天花板的平坦部分。地板是硬木，墙和天花板是石膏板。房间长 7m（带壁龛 8m），宽 5.8m，天花板最高点高 2.7m。

专业设计

Walters-Storyk 设计团队的约翰·斯托里克同意制作一个对这个空间进行声学处理的方案。面向窗户方向，这个房间是对称的，所以工作室的朝向是使听音者面向窗户，监听音箱沿着房间的长边辐射声音，使房间内不对称的壁龛位于听音者的后方。虽然壁龛对声音有一些影响，但是斯托里克有解决这个问题的方案，那就是建造一堵矮墙。房间的设计方案包括使用薄膜低频陷阱进行广泛的低频吸声，并且在听音位置周围创建一个无反射区域如图 17.1~ 图 17.3 所示。

如图 17.4 所示，约翰·斯托里克设计的工作室平面图包括对侧

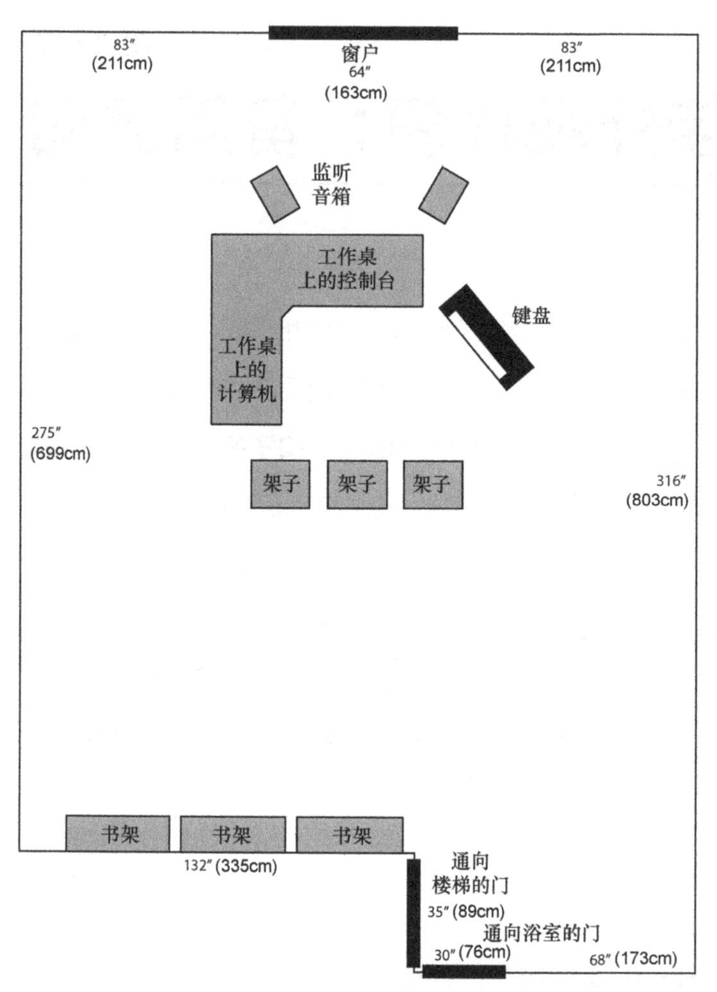

图 17.1
这个备用房间是一个大空间，后部有一个壁龛和一个相连的完整的浴室

图 17.2
在设备包装都没有被拆开、设备都没有安装时，朝房间的后面看到的样子。这张照片显示了壁龛和整个浴室的入口。注意支撑墙和倾斜的天花板部分

图 17.3
朝房间的前方看去，有一扇大窗户，倾斜的天花板的另一个视角

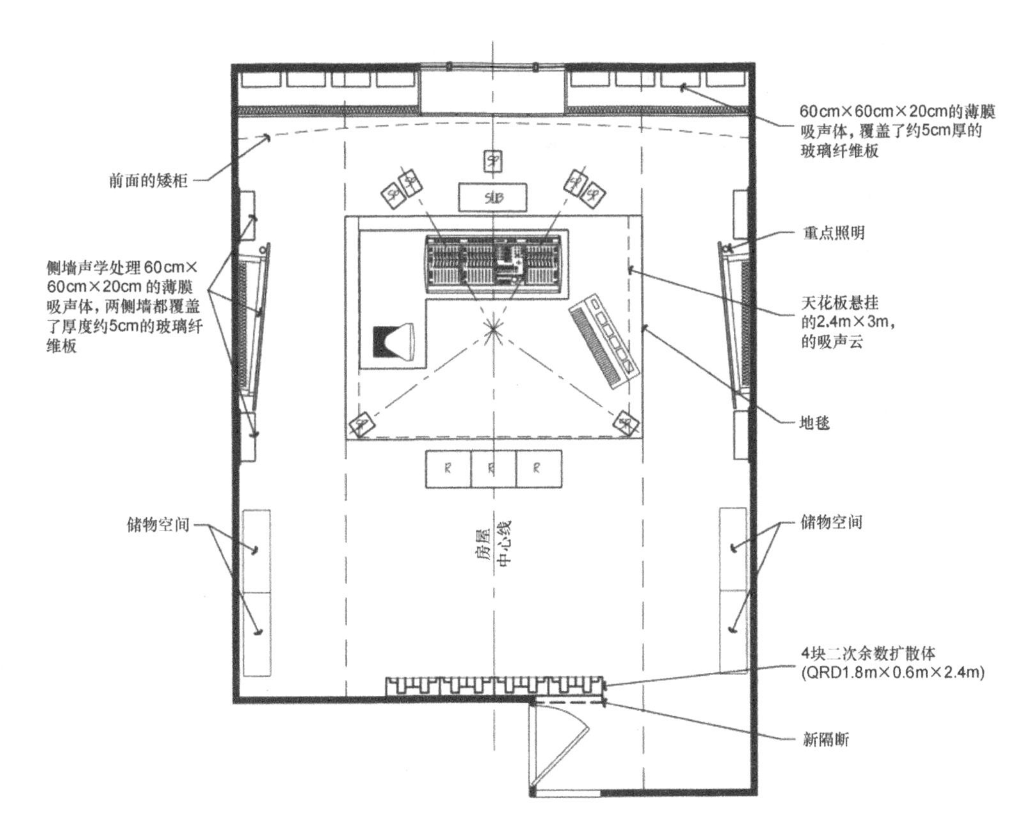

图 17.4
斯托里克的方案进行侧墙吸声处理了，在后墙中间安装扩散材料并且延伸出去，长凳隐藏低频陷阱（Walters-Storyk 设计团队供图）

墙进行吸声处理，将在后墙中间安装的扩散材料延伸到遮挡壁龛的一部分，前墙有一个矮柜，其两边的低频陷阱被遮挡了，中间还包含了储物空间。房间后部的两侧墙上也有储物空间。

如图 17.5 所示，向上看天花板，在有倾斜角的墙上安装了吸声

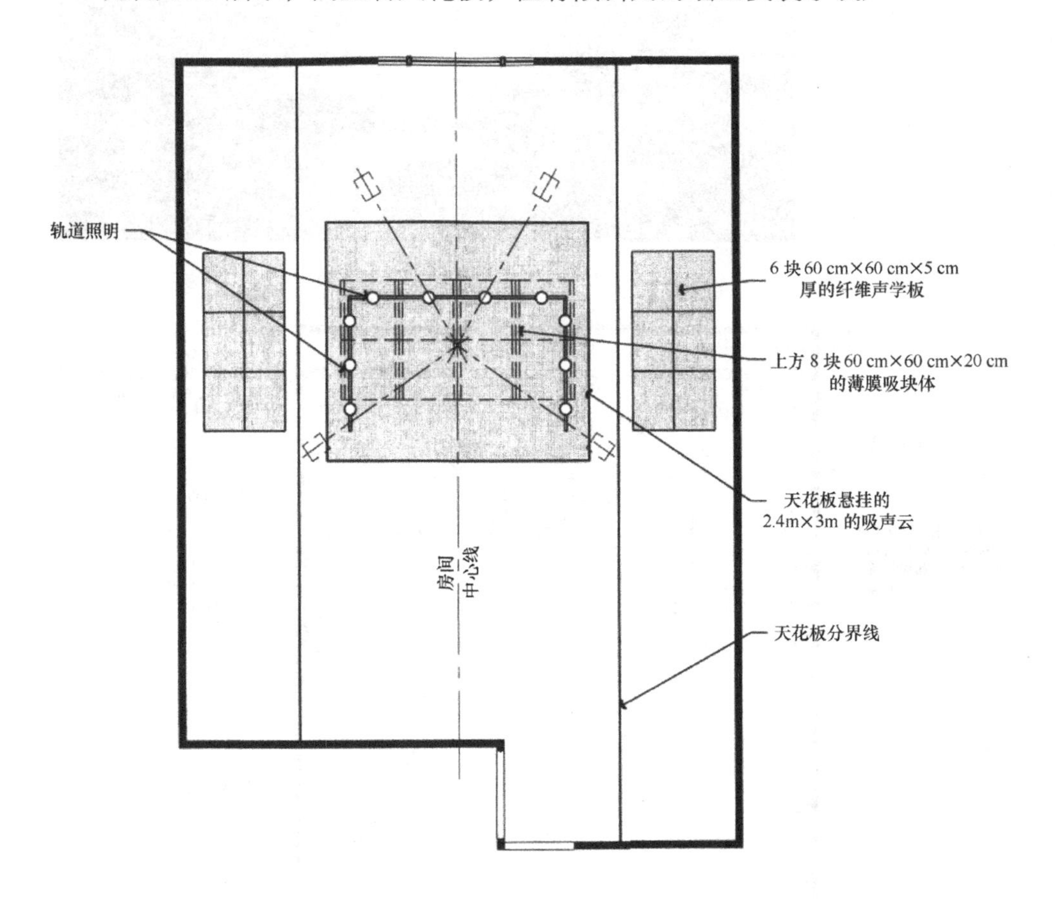

图 17.5
向天花板看去，可以看到安装在倾斜墙上的吸声体，以及一个巨大的吸声云（由 Walters-Storyk 设计团队提供）

材料，并且在听音位置上方吊挂了大型吸声云。吸声云遮挡了安装在天花板上的低频陷阱。轨道照明也安装在云装置内。

图 17.6 显示了房间的侧墙。可以看到如何将低频陷阱安装在天

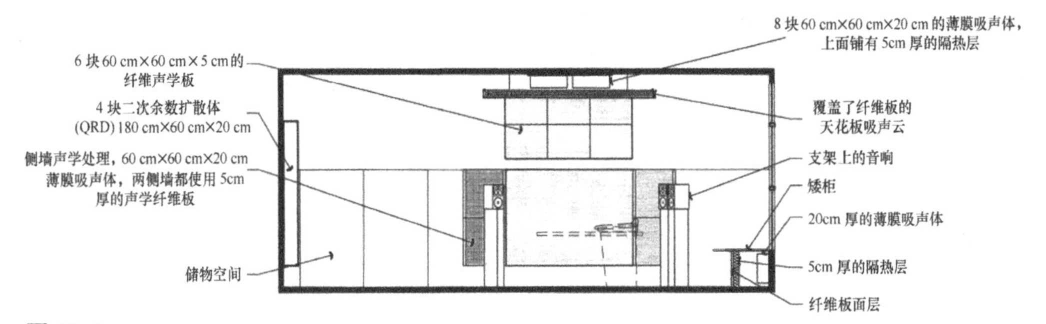

图 17.6
安装在天花板云内和房间前面长凳内的低频陷阱（由 Walters-Storyk 设计团队提供）

花板上及如何穿过房间前面的长凳。

房间前后立面的视图，如图 17.7 所示，在显示了安装在后墙上

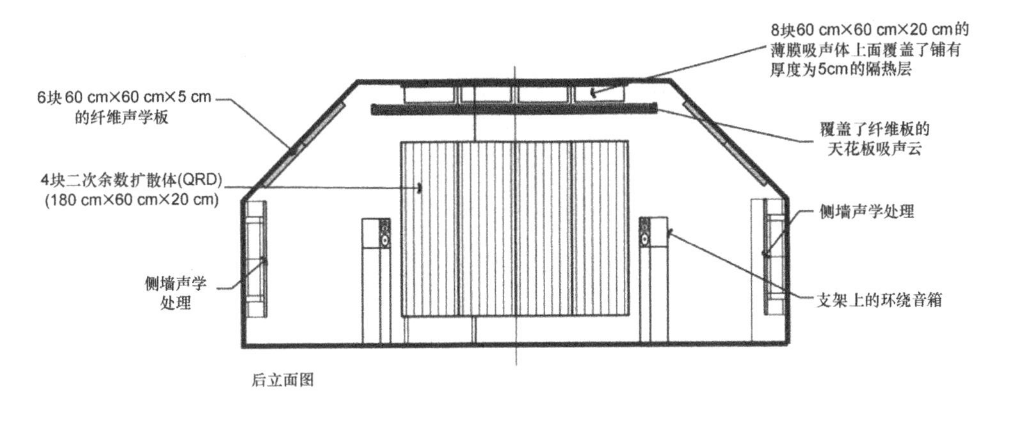

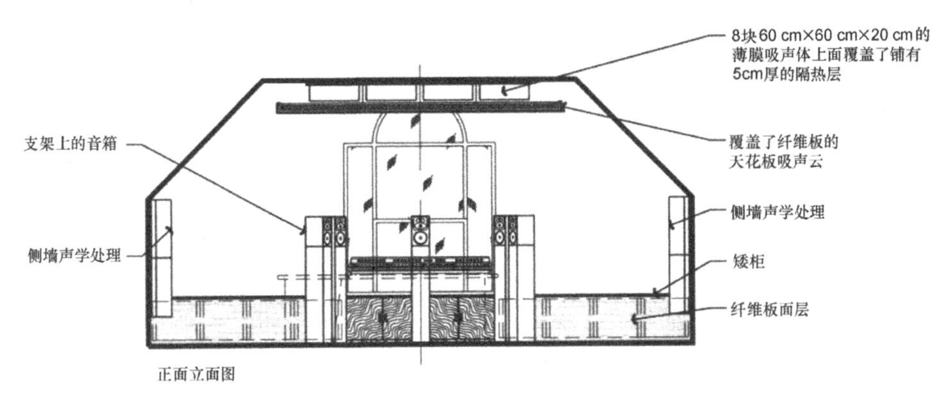

图 17.7
安装在后墙上的扩散体超出了现有的墙面（由 Walters-Storyk 设计团队提供）

的扩散体，它延伸到现有墙体的末端。前方视图显示了安装在天花板上和前墙上的低频陷阱及安装在前墙长凳内两侧低频陷阱中间的储物柜的细节。

声学处理

John Storyk 团队的设计方案中使用了多种声学处理方法，具体如下。

1. 在房间的前部建了一排长凳，或者叫作架子。在长凳下面沿着墙的底部安装了膜式低频陷阱，基于长度尺寸，有助于控制房间模式（斯托里克建议使用 RPG MODEX 单元）。在长凳前面覆盖了织物用于隐藏陷阱。在房间中间，长凳下面有一个存储空间。

2. 将膜式低频陷阱安装在听音位置前后的侧墙上。将玻璃纤维板以一定的角度安装在这些低频陷阱之间，这个角度使得玻璃纤维板与墙之间留有空间，可改善低频响应。斯托里克建议在吸声板后面装灯，造成背光的效果。

3. 倾斜的天花板用 6 块尺寸为 0.6m × 0.6m 的吸声板处理。

4. 将一个定制的 2.4m × 3m 的吸声云吊挂在天花板上。将轨道照明安装在云下面。房间的灯具、吊扇已全部拆除。

5. 将更多的膜式低频陷阱安装在云层上方的天花板上。云的顶部还铺设了玻璃纤维。

6. 将后墙上安装了一个大型的二次余数扩散体。斯托里克建议扩散体要足够大，延伸到现有的后墙之外，这样房间后面的壁龛部分被覆盖，并且后墙的反射声也被均匀扩散了。

实际的方案

斯托里克估计自己动手完成所有这些工作，花费大约为 1 万美元。价格并不是特别贵，但还是超出了我的预算。我选择按照斯托里克的方案，但是用更便宜的材料替代，如图 17.8 所示。

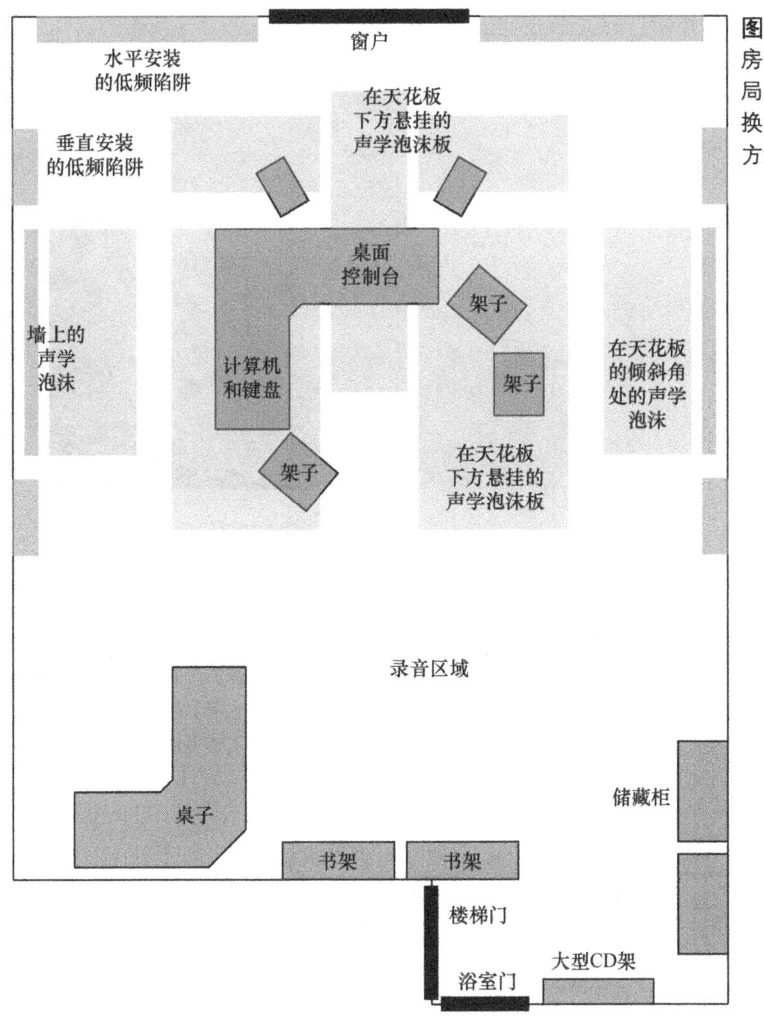

图 17.8 房间最终的布局，使用了替换的声学处理方法

1. 我用 10cm 厚的声学泡沫代替侧墙和倾斜的天花板上的玻璃纤维板。将声学泡沫安装在格架上，并且离墙约 10cm，用来提高低频

性能。使用 3 块尺寸为 0.6m × 1.2m 的泡沫块粘在格子框架上形成尺寸为 1.2m × 1.8m 的吸声板。如图 17.9 所示，常规的塑料园林格架采用 5cm × 5cm 截面的木条加固，然后使用钩子和吊环螺栓将其安装到垂直和倾斜的墙壁及天花板上。格架和挂钩的使用导致栅格与面板之间产生了约 10cm 的距离，提高了低频性能，如图 17.10 所示。

图 17.9
这张照片显示了作为测试用的安装好的格架。在最终把吸声板安装到墙上或者天花板上之前，把声学泡沫板粘贴在格架上

图 17.10
安装在墙上的成品声学泡沫板，旁边是 0.6m × 1.2m 的木制面板低频陷阱。上面的格架将被取下来，覆盖上声学泡沫，然后再被钉在墙上

2. 天花板上有多个我不想覆盖的暖通空调通风口。所以我把云吸声体分解成块状，并且在安装的时候留有缝隙，使得空气可以从通风口流通。天花板上和墙壁上吸声板的建造方式相同，都是安装

0.6m × 1.2m 的声学泡沫板。将轨道安装在大型天花板面板的前面。天花板上的吊扇、灯具已经拆除。

3. 使用 RealTraps 木制低频陷阱用于低频控制。将 4 块 0.6m × 1.2m 的低频陷阱垂直安装在侧墙上。将 2 块 1.2m × 1.8m 的低频陷阱沿着前墙的底部水平安装（注意，RealTraps 不再生产这种低频陷阱，该公司现在专注于宽频带吸声），如图 17.10 所示。

图 17.11 中的房间即将完工。大多数声学泡沫板已经安装完成了。安装在天花板上的多块吸声板代替了整体的云吸声体，这样有利于通风。在前墙上水平安装了 0.6m × 1.8m 的木制低频陷阱，在侧墙上垂直安装了 0.6m × 1.2m 的木制低频陷阱。低频陷阱的面板都有倾斜角度，有助于扩散反射声。天花板吊扇、灯具尚未拆除，轨道灯光也尚未安装。

图 17.11
房间即将完工

4. 将大型书架放在后墙中间处，其中有一个延伸到壁龛开口处并将其遮挡。房间里的家具和设备被搬来搬去，以创造一个更方便的控制区、一个更大的录音区，并且腾出一个小办公区。在控制区下方放置了一块大地毯，录音区的地板是光秃秃的硬木。将两个储藏柜放在房间后面的侧墙上，将一个大型 CD 架靠在壁龛的后墙上。

图 17.12 显示了已完工的房间，所有的吸声板已经安装完成，轨道照明也已经安装在天花板上。设备已按照原先的计划重新布置，并且在房间的控制区下面放置了一块地毯。

图 17.12
已完工的房间中的设备已经按照原先的计划重新布置

最终我们获得了一个声音非常出色的房间。无反射声区域形成了最佳的声像定位，并且房间尺寸和低频陷阱使得低频音色坚实，并且在房间内任何地方听起来都同样有优质的音色。

第18章

录音间

下一个工作室声学设计系列案例展示的是一个录音间。因为录音间通常比较小，在很多情况下，一个壁橱的空间对于录独唱或者录原声吉他来说就足够了，所以房间的声音是个大问题。通常在一个很小的未经声学处理的空间中有箱子声、奇怪的振铃声、较强的颤动回声，以及糟糕的低频响应。

很多人选择对中频和高频声进行大量吸声来解决箱子声和反射声问题，结果造成了完全沉寂的房间。并且因为中频和高频过于沉寂，低频成了真正的问题。因此，宽频带吸声是必须的，尽管很多人跳过了这个重要的步骤。

使房间完全沉寂的好处是它对录音作品没有任何特征影响。你可以使用电子混响器和延时器添加任何你期望的氛围。缺点是房间太沉寂了，导致在里面表演很不舒服。

我不认为录音间这样小的空间必须是完全沉寂的。我更喜欢像对待其他房间一样对它进行声学处理：使用宽频带吸声处理低频问题，然后用中频和高频吸声材料处理颤动回声和反射声问题。由于这里不像控制室一样有单独的、可预测的点声源监听音箱，我们不得不面对录音间内各个不同位置上的不同声源：靠近地板的吉他功放、坐着的原声吉他手、站着的歌手等。因此，房间内所有的表面都需要进行声学处理，以减少潜在的反射声。

这个房间与第15章中的房间在同一个地下室内。它的尺寸大约为长 2.9m，宽 2m，高 2.3m，如图 18.1 所示。房间缺一个角，形成了一个斜面，进出的门就在这个斜面上。墙是石膏板，有吊顶，地板上铺有地毯，如图 18.2 所示。在录音间内拍手会导致出现坚硬表面的小房间所特有的快速颤动回声和振铃声。

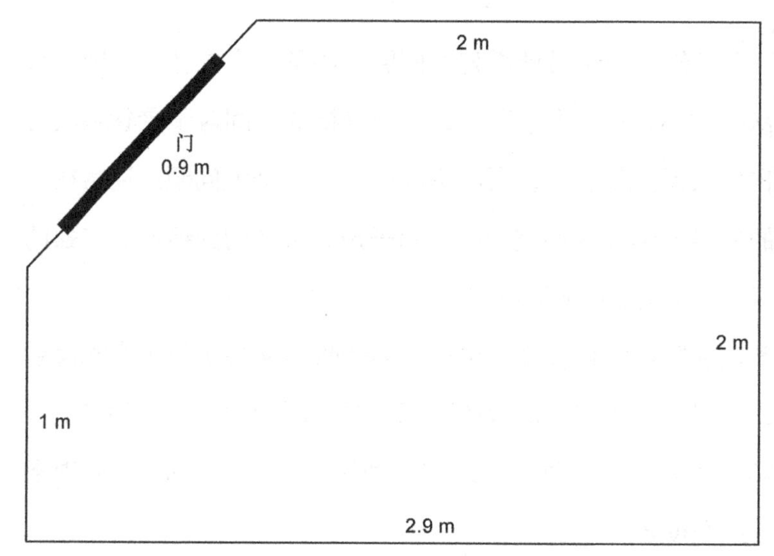

图 18.1
这个录音间足够容纳一个人在里面舒适地工作，两个人也可以在里面很好地工作。它可以容纳更多的艺术家，而且很令人惬意

图 18.2
录音间为石膏板墙，地板有地毯，并且有吊顶（戴维·斯图尔特拍摄）

作为参照，在录音间里 3 个不同的位置录音并分析扫频信号，这

3 个位置分别对应录制吉他音箱、一个坐着的原声吉他手，以及一个歌手站着时话筒应该放置的位置。就如第 15 章所述，在房间内不同的位置上移动话筒可以显著改变低频响应。房间内 3 个话筒位置的频率响应如图 18.3 所示。

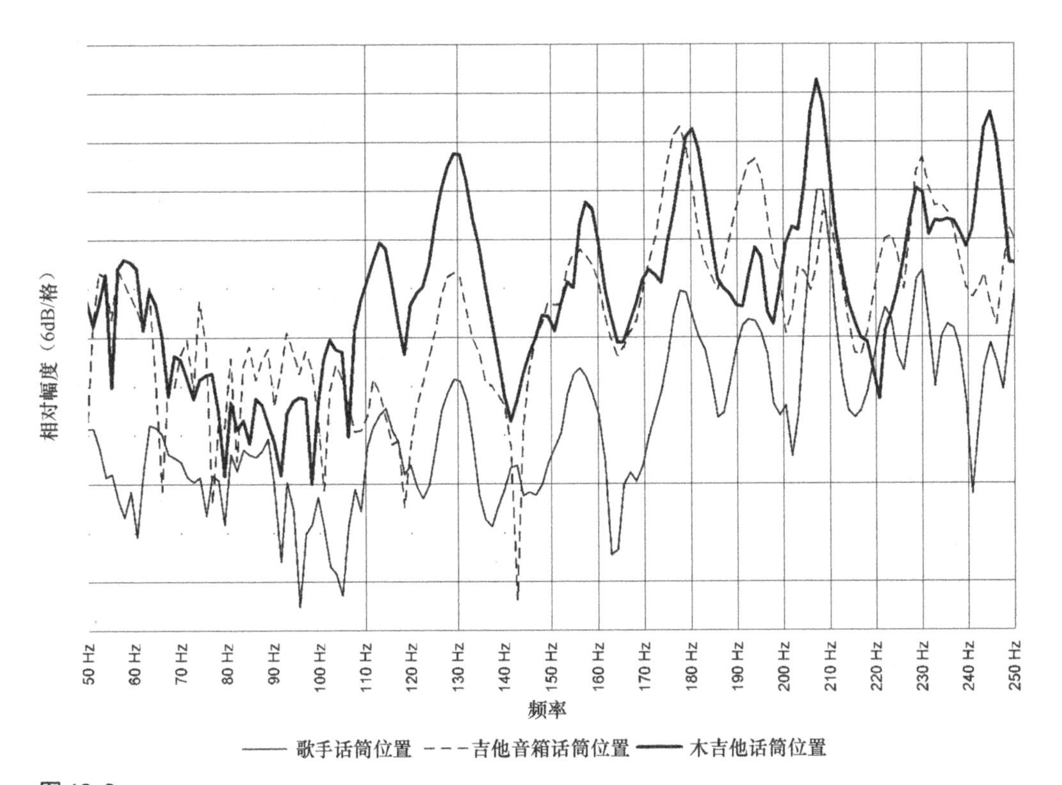

图 18.3
房间内 3 个话筒位置的频率响应（由傲世声学公司提供）

图 18.4 显示了录音间内话筒放置在原声吉他位置处时的频率响应，并且在计算得到的房间共振频率（箭头）叠加。作为参考，图 18.4 上有音符（在图表的顶部），是吉他空弦的各个音符。注意每个音符的不均匀的房间响应。这会导致有些音符听起来声音很大，而另一些音符听起来声音很小。

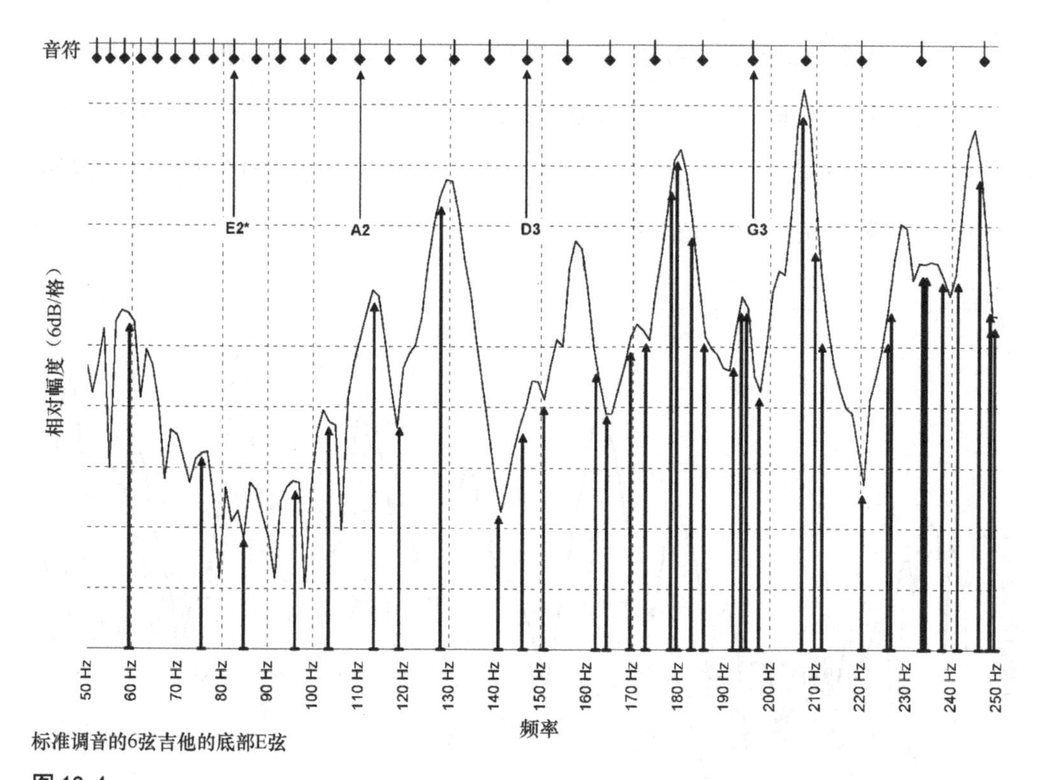

图 18.4
各个音符不均匀的房间响应可能导致一些音符听起来声音很大，而另一些音符听起来声音很小（由傲世声学公司提供）

声学处理

我们将使用直接的方法处理录音间，采用前面章节使用过的相同概念。我们不想要完全沉寂的空间，相反，我们将创造一个有适中的频率响应的空间，不要过于死气沉沉，有一点反射声会使空间稍微活跃点，而非全吸声的沉寂空间。我们希望音乐家们在房间里表演时感到愉悦。

录音间将主要采用 60cm × 120cm × 5cm 的硬质玻璃纤维板进行处理。角落采用 45° 倾斜角的玻璃纤维板形成宽频带吸声体。墙上也要安装这种吸声板吸收中频和高频。在吊顶中将插入

60cm × 60cm × 2.5cm 的吸声板（如图 18.5 所示）。

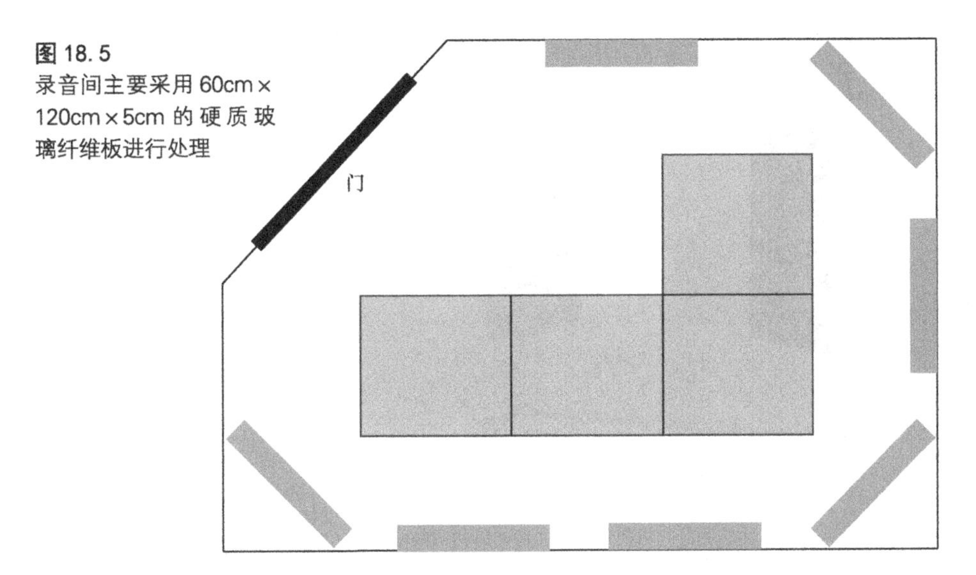

图 18.5
录音间主要采用 60cm × 120cm × 5cm 的硬质玻璃纤维板进行处理

将 4 种处理应用于录音间。

1. 将 3 块 0.6m × 1.2m × 5cm 的吸声板以 45° 安装在房间角落，形成宽频带吸声体。为了实现更多的吸声，从地板到天花板的角落都应该被吸声板覆盖，如图 18.6 ～图 18.8 所示。

图 18.6
尖钉被拧在墙上以备安装吸声板（戴维·斯图尔特拍摄）

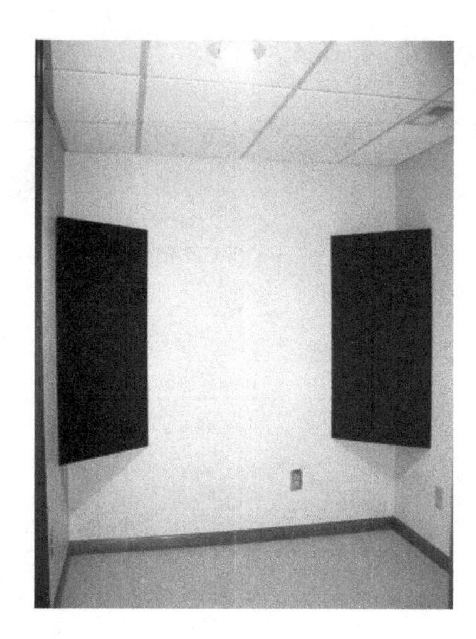

图 18.7
安装在角落的吸声板形成宽频带吸声体（戴维·斯图尔特拍摄）

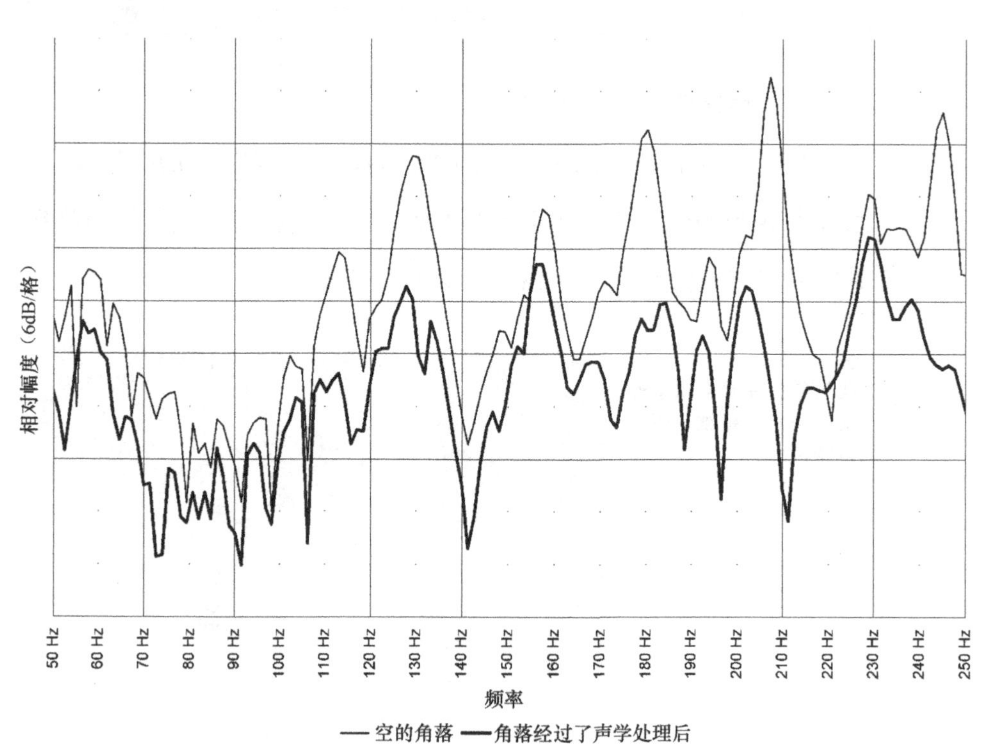

图 18.8
采用 3 块角落吸声板，显著改善了室内的低频响应（由傲世声学公司提供）

如图 18.9 所示，就像在用话筒录制原声吉他一样测量了录音间的频率响应。

图 18.9
仅使用了顶上的监听音箱，将其余的监听音箱用作顶上监听音箱的“支架”（戴维 · 斯图尔特拍摄）

2. 将 4 块 60cm × 120cm × 5cm 的吸声板安装在墙上用于中频和高频反射声控制。

3. 将 4 块 60cm × 60cm × 2.5cm 的吸声板用于吊顶上。在吸声板上还将使用额外的吸声材料以增加低频吸声效果，如图 18.10 所示。

图 18.10
在墙面上采用多块 5cm 厚的吸声板吸收中频和高频声。在吊顶格子里采用多块 2.5cm 厚的吸声板，增加对低频声的吸收（戴维 · 斯图尔特拍摄）

4. 由于我还有多余的傲世声学公司的 LENRD（该公司低频陷阱的名称）声学泡沫角落低频陷阱可用，我在角落地面放了 3 块，部分位于角落吸声板下方靠后的位置处，如图 18.11 和图 18.12 所示。

图 18.11
将傲世声学公司的声学泡沫角落低频陷阱放在地板上的角落里，用于增加吸声（戴维·斯图尔特拍摄）

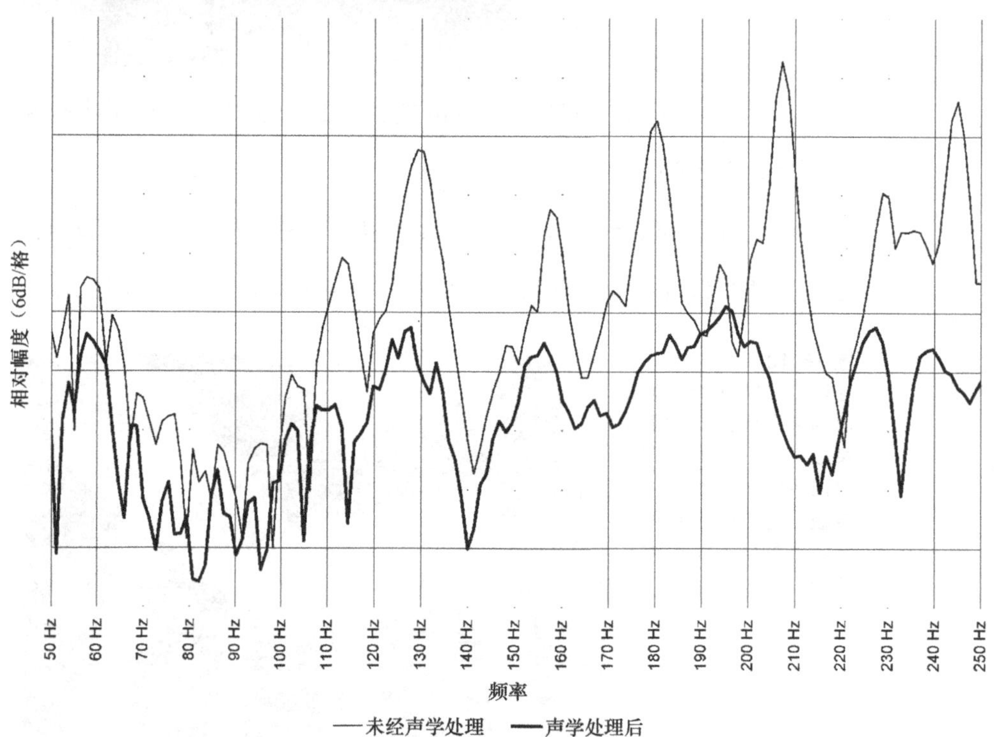

图 18.12
在墙壁上和天花板上安装了声学材料后的房间响应显示低频更加平滑了（由傲世声学公司提供）

尚未完工

虽然在采用了在上节中列出的 4 种处理方法后，频率响应显示出极大的改善，但是我们听音后发现，中频声音仍然有一点箱子声。

为了解决这个问题，我们把另外 5 个低频陷阱堆放在房间内，与最近的墙之间的距离大约为 0.3m，如图 18.13 所示。

图 18. 13
在房间内放置了额外的低频陷阱吸声体以减少箱子声（戴维・斯图尔特拍摄）

这表明，虽然频率响应图是很好用的工具，但分析房间的最佳工具仍然是你的耳朵。增加 LENRD 低频陷阱解决了箱子声的问题，并且使录音间听起来很均匀平滑，而且不会太沉寂。

图 18.14 显示了录音间的角落、墙壁和天花板在经过声学处理后与房间内额外增加 LENRD 低频陷阱后的中频频率响应对比图。

图 18.15 显示了录音间经过彻底的吸声处理后和增加了额外的 LENRD 低频陷阱后的中频频率响应对比的另一个视角。峰值和低谷的范围从 44dB（±22dB）降到 26dB（±13dB）。考虑到我们所做的只是在一个听感已经很好的房间内另外堆放了 5 块声学泡沫，这个

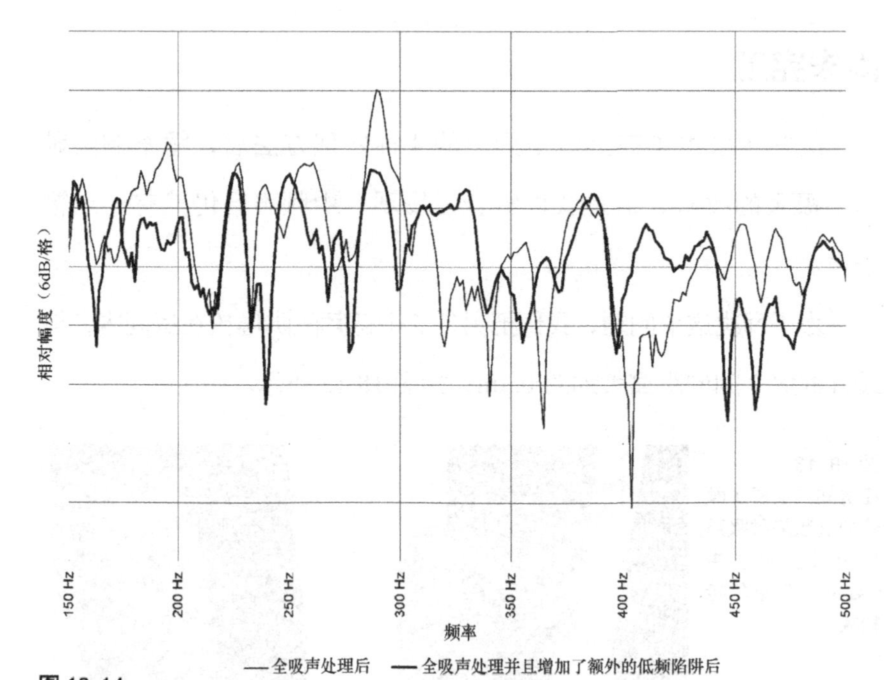

图 18.14

注意 350Hz~400Hz 的平滑，这可能是造成箱子声听感的原因（由傲世声学公司提供）

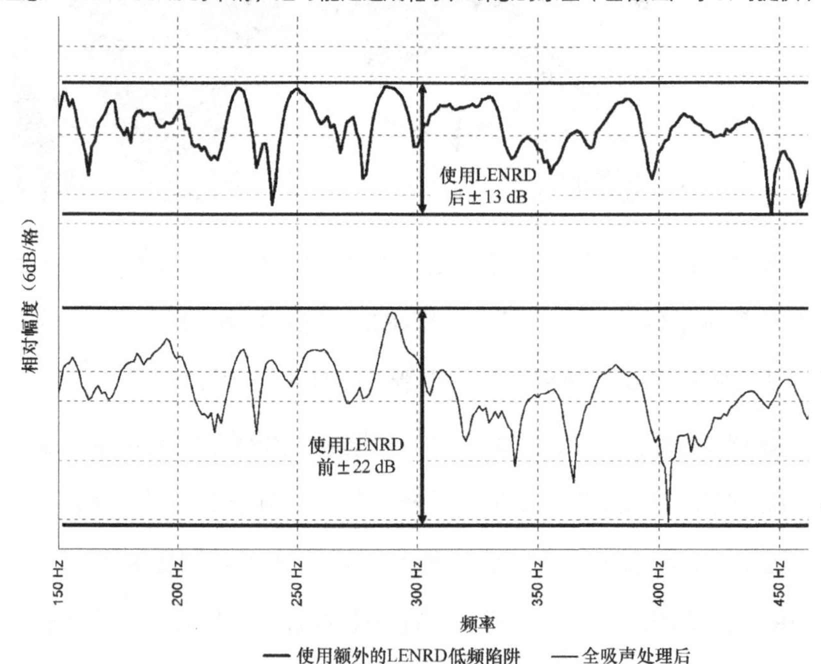

图 18.15

彻底对录音间进行声学处理后和额外堆放了 LENRD 低频陷阱后的中频响应对比（由傲世声学公司提供）

改善结果非常好！

在录音间里放置了额外的 LENRD 低频陷阱后，我们可以进行一个完整的房间频率响应的前后对比。

图 18.16 对比了原声吉他位置处，录音间未经声学处理和经过彻底声学处理并增加了低频陷阱后的频率响应对比。

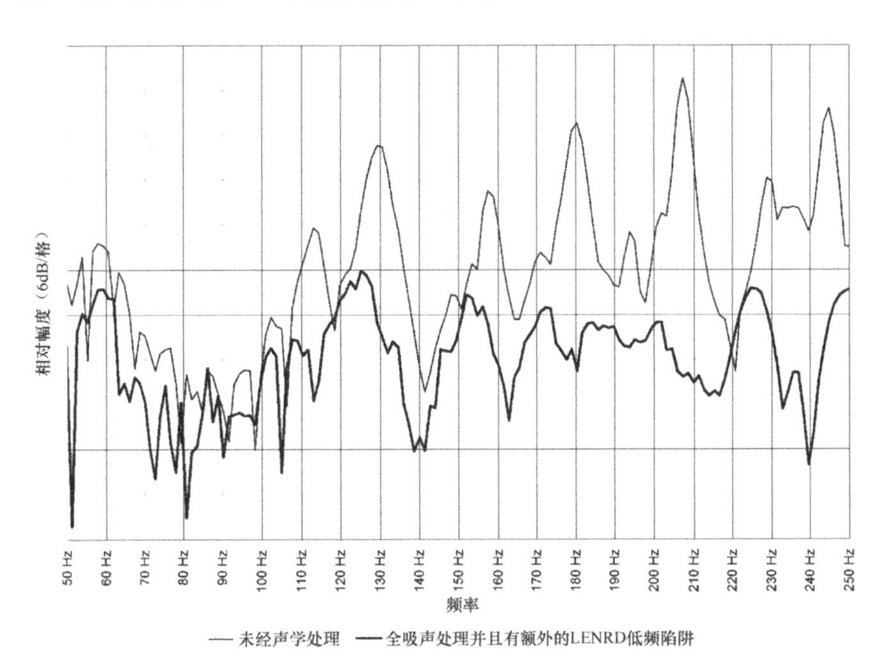

图 18. 16
显著的低频改善（由傲世声学公司提供）

图 18.17 展示了未经声学处理和彻底进行声学处理并增加了低频陷阱的高频响应对比图。声压级范围从空房间的 20dB(±10dB）降到处理后的 12dB(±6dB）录音间内的低频混响衰减也得到了显著的改善，如图 18.18 所示。

另一种考察室内反射声和低频问题的方法是考虑长衰减时间造成的“声染色”效应，如图 18.19 所示。

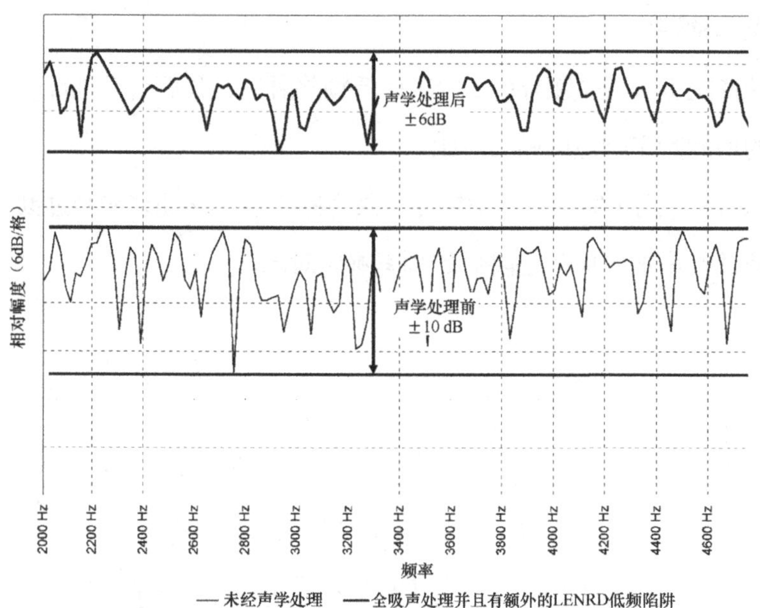

图 18.17
高频的峰谷范围没有低频的范围宽（由傲世声学公司提供）

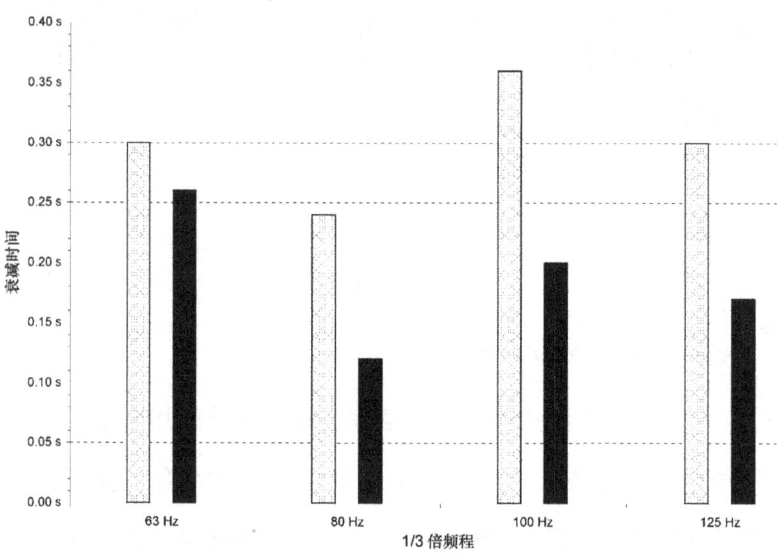

图 18.18
录音间内的低频混响衰减也得到了显著的改善。这对于空间中的“瞬态”声的清晰度尤其重要（由傲世声学公司提供）

结果

在安装了声学材料后，房间内的响应变得均匀，该房间成为录制乐器和人声的好地方。低频和中频的平滑使得它尤其适合录制尼龙或者钢弦原声吉他。

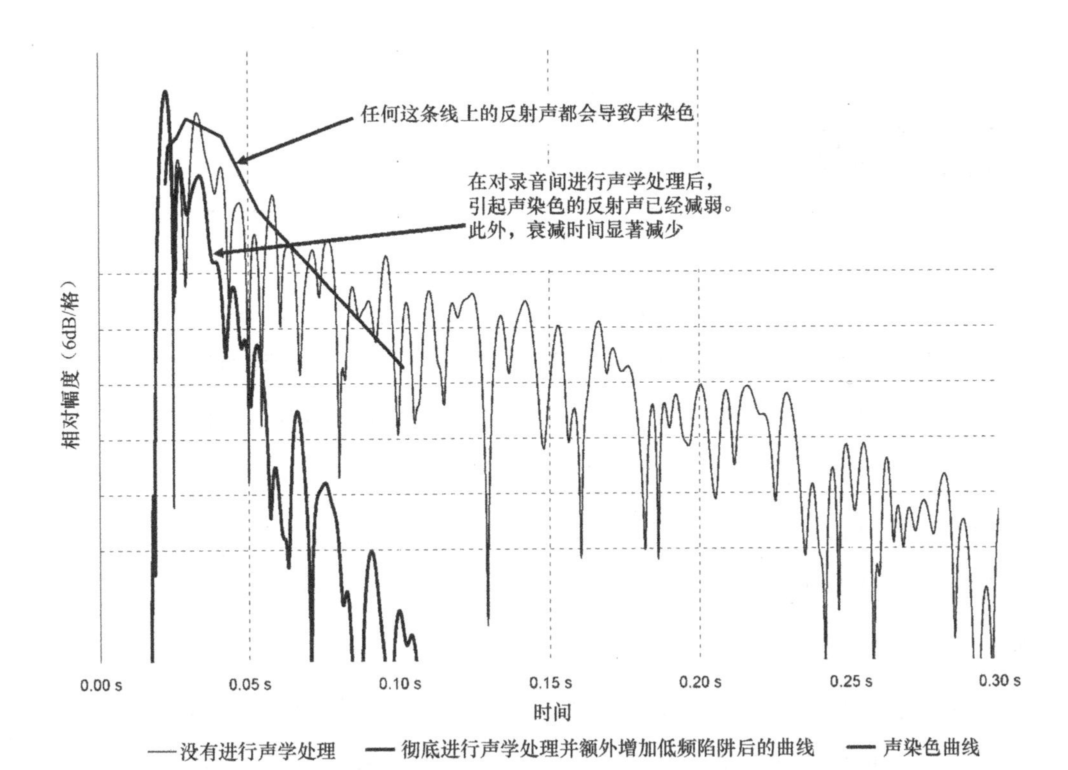

图 18.19
该图显示了对录音室彻底进行声学处理并且额外增加低频陷阱后，混响衰减时间减少（由傲世声学公司提供）

在主要采用硬质玻璃纤维板对房间进行声学处理的同时，也使用了声学泡沫板。实际上，在安装硬质玻璃纤维板之前，我采用了相似的方法对房间进行声学处理，将 0.6m × 1.2m × 0.1m 的声学泡沫板钉在墙上和天花板上，结果非常近似。

第 19 章

设备间

大多数家庭和项目工作室会使用计算机。即使不用计算机录音，也可能有一台计算机用于某些用途，例如 MIDI 音序或者发邮件。问题是计算机会发出噪声，它们的散热风扇和硬盘驱动器转动会发出咔咔声和呜呜声。你可能还会使用外接硬盘进行录音数据的存储或者备份。外接硬盘意味着更多的散热风扇和更多的咔咔声和呜呜声。

这些都会增加噪声，当你录音的时候不希望话筒收进噪声，当你混音的时候也不想听到噪声。所有这些都在第 12 章中讨论过，在那一章中我们就认识到把计算机放进壁橱中或者相邻的空间内可以在很大程度上控制噪声问题。除了把计算机、外接硬盘及其他的风扇设备放置在临近的壁橱里之外，你还可以做更多的事情来减小噪声。

最简单的方法就是简单地对壁橱内部进行吸声处理。好消息是风扇和硬盘主要产生中频和高频噪声。我们不必担心宽频带吸声或者低频陷阱问题。

在第 15 章中进行过声学处理的工作室，在听音位置后面有一个方便的储藏室，如图 19.1 所示。

储藏室的形状很奇怪，因为正好在楼梯的下面。空间的前半部分是全高的，但是随着楼梯的下降，天花板向下倾斜。但是有足够的空间放置一两台计算机、硬盘、带有内置风扇的音频接口，甚至

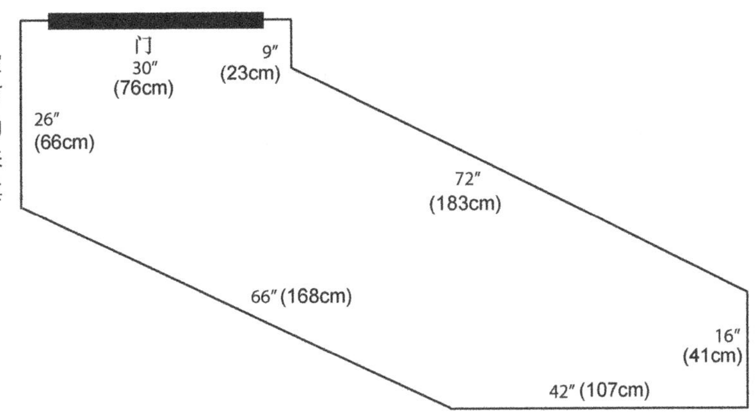

图 19.1
一个方便的储藏室即使形状奇怪也可以成为一个很好的"机房"，用来减小来自计算机、硬盘和其他设备的噪声

还有一堵相当大的墙，在那里可以安装架子用以存放录音介质、光盘、软件或其他工作室必需品。

储藏室有石膏墙板和天花板，地板上铺有地毯，还有一扇沉重的实木门。门下有足够的空间将电缆连接到工作室的计算机显示器、键盘和鼠标及音频接口上。

幸运的是，听音测试证明门下面的空隙不会使储藏室内的计算机噪声泄漏出去。另一件幸运的事是在储藏室的上部有个开口，可以使空气流通到储藏室后的房间。当计算机、硬盘和音频接口全天运转时，房间内温度升高，但不会达到担心设备过热的程度。要记住，如果在封闭空间内安装了计算机和其他设备，务必彻底检查温度，因为过热是所有电子设备的“敌人”！

声学处理

这是个简单的问题。正如前面提到的，计算机、硬盘和其他音频设备产生的噪声正好在中频和高频范围内。我们并不在意机房内的声音听起来是什么样子的，我们想做的是让它尽可能安静。

考虑到实际情况，我们在所有可用的表面都铺上吸声材料。消除噪声的同时，务必保证通风，不需要好看。声学泡沫、玻璃纤维、其他剩余的声学处理材料、旧衣服，任何能够吸收中频和高频声音的材料都可以被用作吸声材料。不要忘记处理天花板和门的里面。

后记

没有什么比在一个很棒的空间里录音和混音更让我开心的了。一切听起来清晰、干净、自然。将话筒放在支架上，录制唱片时声音听起来越好，我越省力、省心。

使用本书中介绍的技术和概念，可以改善大多数房间内的声学环境，从而更好地制作音乐、录音和混音。这并不难，也不需要花费太多时间。

只需要一点点计划，一点点努力，一些声学材料，房间里的声音就会变得更好听。这是一项很值得的投资！

——米奇·加拉格尔

术语汇编

吸声体（absorber）：通过将声能转换为内能以降低声压级的声学装置。

声吸收（absorption）：在声学领域，使用“柔软的”材料减弱声波能量。

吸声系数（acoustic coefficient）：对某种声学材料在特定频率下的吸声性能的评定。数值范围为 0（全反射）~1（全吸声）。

声学泡沫（acoustic foam）：一种特殊类型的吸收声波的开孔泡沫。

声学处理（acoustic treatment）：安装在空间内用以控制声波传播的声学装置或者材料。有 3 种类型，即吸声体、反射体和扩散体。

声学（acoustics）：研究封闭空间内声波或声波传播的科学。

有源监听音箱（active monitor）：一种录音师用的箱体内置有独立的功率放大器的监听音箱。

AES：音频工程学会的缩写。

环境（ambience）：1. 空间感；2. 空间的声学特性。

放大器（amplifier）：用于将输入信号放大到更高水平的电子设备。

振幅（amplitude）：1. 振动的大小或强度；2. 以 dB 为单位的被测量信号的强度或者声压级。

消声（anechoic）：1. 整体沉寂，没有反射声；2. 没有反射声的空间。自然界中常见的消声情况是户外，但即使是在户外，地面也会产生反射声。

消声室（anechoic chamber）：一种专门设计的完全吸收所有频率声波的房间。消声室用于规格参数的测试和测量，而非用于录音或者音乐欣赏。

波腹（anti-node）：声波振动运动到最大位移的位置。

建立（attack）：声波起振处。

声波建立时间（attack time）：声信号从静止至达到最大振幅状态所需要的时间。混响特性受信号起振时间的影响。

衰减（attenuate）：声信号声压级的降低。

音频（audio）：1. 声波；2. 代表声波的电信号。

轴向模式（axial mode）：两个平行界面之间声波反射造成的共振模式。

A 计权（A-weighting）：在进行音频测量的时候，使用滤波器减弱某些频率声波的能量，以获得和耳朵对声波的频率响应更加吻合的结果。一些制造商对其设备采用 A 计权方式掩盖其性能不佳的情况。

背景噪声（background noise）：房间或者空间内的环境噪声。

带宽（bandwidth）：频率范围。

低频陷阱（bass trap）：设计用于吸收低频声波的声学装置。

贝尔（Bel）：一种度量单位，表示在 1 英里电话线上信号电平下降的量。以亚历山大 • 格雷厄姆 • 贝尔的名字命名。

串声（bleed）：从一个空间或者另一个空间串过来的声波，或被并非用于录制这个声源的话筒拾取。

宽频带（broadband）：在广泛的频率范围内有效。

宽频带吸声体（broadband absorber）：对宽泛的频率范围的声波起到吸声作用的声学装置。

抵消（cancellation）：参见相位抵消（phase cancellation）。

地毯（carpet）：吸声性能比较差的吸声体，最好将其铺在房间的地板上。

近场（close field）：见近场（near field）。

云（cloud）：悬挂在听音位置上方天花板上的声学装置。

染色（coloration）：声波或者声信号音色的改变。

梳状滤波器（comb filtering）：频率响应中一系列的波谷和波峰，通常由声波之间的相位差造成，导致产生严重的声染色。

压缩（compression）：声波引起压强增加。相反是稀疏。

沙发（couch）：略微有效的吸声体，非常适用于支撑人体后部。

C 计权（C-weighting）：使用平坦响应、有限带宽的滤波器获得与我们耳朵感知到的声音更为相关的测量结果。

每秒周期数(cycles per second)：声波在 1 秒内的峰和谷数量，也被称为“频率”，单位是“赫兹”。

DAW：数字音频工作站的缩写。

沉寂的（dead）：全部或者大部分反射声都被吸收了。

衰减（decay）：声波衰减到无声的方式。

衰减时间：见混响衰减。

分贝（decibel’dB）：1. 1 贝尔的 1/10；2. 两个音频声压级 / 电平之间的比例。分贝是音频信号与 0dB 参考值之间的比率的表达，实际上不是真实测量出来的音频声压级 / 电平数值。根据人耳对声音大小的反应方式，这些比率是取对数的；3. 在没有参考声的情况下，人耳独立判断感知的最小音量变化量。

隔离（decoupling）：将诸如监听音箱箱体、监视器，或者甚至是房间的地板或者墙体与周围的物体隔离开。

膜式陷阱（diaphragmatic trap）：见薄膜陷阱（membrane trap）。

衍射（diffraction）：在声学中，波长长的声波在反射物周围弯曲绕射，而不是发生反射。

扩散（diffuse）：散射或者分散。

扩散（diffusion）：将单一反射声分解为多个小的、声压级低的分散到各个方向的反射声。

扩散体（diffusor）：也被称为 diffuser，diffusor 这个词在声学中更为常用，一种散射声波的声学装置。

低谷（dip）：声波相位抵消引起特定频率或者频段的声波的声压级降低的区域。

直达声场（direct field）：设置音箱或者声源，使得听音者主要听到直达声，几乎没有反射声。另见近场（near field）。

直达声（direct sound）：从声源直接到达听音者双耳处的声波，没有任何界面的反射声。

定向的（directional）：只朝一个方向移动。

分散（dispersion）：1. 声波从声源，例如音箱传播时的散射或者分布；2. 音箱可以产生的覆盖角度（监听音箱具体有两种覆盖角度，垂直角和水平角）。

失真（distortion）：从字面理解，信号发生的任何变化，除了使其变得更响或者更柔和外，还包括均衡、压限，及其他形式的处理。但在实践中，失真往往被认为是不期望信号波形出现的。

驱动器（driver）：音箱或者监听音箱内部产生声波的单元。

干的（dry）：未经混响或者其他处理的声波信号。

动态范围（dynamic range）：在系统不失真的情况下，信号响度最大值和最弱值之间的比例（单位是分贝）。

早期反射（early reflection）：声源辐射的直达声之后听到的一次反射声。早期反射声可以反映出很多关于房间尺寸的信息。

回声：1. 直达声之后达到的自远距离处反射回来的反射声；2. 直达声之后听到的复制出来的原声的延迟声。

固有频率（eigentone）：见房间模式（room male）。

均衡（EQ）：见均衡器（equalizer）。

均衡器（equalizer）：提升或者降低特定频率或者某个频率范围内声波声压级 / 电平的音频处理器。用于调试正在处理的声信号的频率响应或者音色。

5.1 环绕声重放系统：由 5 个同类的音箱和 1 个专门设计的低频辅助音箱组成。

远场（far field）：将音箱或者声源放置在“近场”范围之外（距离听音者 0.9m ～ 1.2m）。

快速傅里叶变换（Fast Fourier Transform，FFT）：一种分析波形的数学方法，允许在时域和频域之间进行转换。法国数学家傅里叶发现音频的波形可以由很多单一频率成分的声波（正弦波）的总和表示出来。傅里叶变换既是显示波形频率成分的图表，也是一种可以用于表示它的数学方程。

滤波器（filter）：从信号中去除特定频率或者频率范围的音频处理器。

一次反射（first reflection）：在直达声之后 20ms 内、从界面经过一次反射后到达听音者双耳处的声波。

平坦的（flat）：1. 由于电子的或者物理的特性，具有均匀的频率响应，没有峰和谷；2. 设备或者房间输出的所有频率声信号都以单位增益输出，也就是说，和输入时相同的输出。因为频率响应平坦的设备或者房间不会突出或者减弱任何频率成分的声音，它提供了真实的信号频响图，可以较好地将声波传输到下一级设备或房间。

浮筑结构（float）：把工作室的地板垫在硬质橡胶垫上，使其与其他的结构隔离。

浮筑地板（floating floor）：将地板与周围结构之间隔离开。

颤动回声（flutter echo）：声波在两个平行的坚硬表面之间来回反射形成的快速回声或嘎嘎声的效应，它还会导致产生了很多快速的、离散的回声。

自由声场（free field）：没有有效反射面的区域。只有太空完全符合这种声场，因为即使在户外也有地面反射声音。

频率响应（frequency response）：1. 设备或者空间对一些频率成分的声音的响应；2. 设备能以接近满电平通过的最高和最低频率。

扫频（frequency sweep）：见扫频（sweep）。

基频（fundamental）：一个有音高的声波的“核心频率”，或者说最主要的频率成分。基频几乎总是一个既定声音的最低的频率成分。

增益（gain）：信号的放大程度，用分贝表示。

黄金比例（Golden Mean，Golden Ratio）：有些人认为，当房间尺寸比例为 0.618 时，可以获得整个理想的频率响应。在实践中，房间宽度是高度的 1.6 倍、长度是高度的 2.6 倍比较好。

图示均衡器（graphic EQ）：音频均衡器的一种类型，它对每个固定频率或者频段的声音都具有独立的电平控制（通常是推子）。之所以被称为图示均衡器是因为控制推子的曲线或者排列视觉上类似于各个频段的频率响应曲线。

格栅布（grille cloth）：用于保护和隐藏音箱箱体内扬声器的织物。

谐波（harmonic）：与基频呈整数倍关系的纯音。

谐波列（harmonic series）：基频和与基频有关的一系列纯音。谐波列包括与基频呈整数倍关系的谐波。例如，1000Hz 纯音的谐波有 1000Hz、2000Hz、3000Hz、4000Hz 等。

赫尔曼 • 冯 • 亥姆霍兹（Hermann von Helmholtz）：德国物理学家和生理学家，撰写了《论音高的感知》一书。

亥姆霍兹吸声器（Helmholtz absorber）：一种声学装置，由谐振器组成，该谐振器对特定频率或者频段的声波有响应，并且产生振动。实际上，亥姆霍兹吸声器是一个封闭一定体积空气的盒子，在一个表面上有一系列狭缝或者孔隙。声波引起的空气运动会导致吸声器共振，就像气流通过汽水瓶开口处产生一定音高的声音一样。

亥姆霍兹谐振器（Helmholtz resonator）：见亥姆霍兹吸声器（Helmholtz absorber）。

赫兹（Hertz，Hz）：在 1s 内声波振动的次数或者完整的周期数，以海因里希 • 赫兹（Heinrich Hert）命名。

海因里希 • 赫兹（Heinrich Hertz）：一位 19 世纪后期的物理学家，他是第一个研究并人工制造了无线电波的人。

问题点（hot spot）：房间内某个特定频率或者频段的声波被增强的位置。

暖通空调（HVAC）：在建筑中指供暖、通风和空调。

声像（imaging）：在进行立体声或者环绕声混音监听的时候，定位或精确定位声音位置的能力。

脉冲（impulse）：用于声学测量的一种短时间内聚集了极大能量的声波。

脉冲响应（impulse response）：字面上指设备或空间如何响应脉

冲。要捕捉房间的脉冲响应，可以采用快速傅里叶变换分析获得与频率相关的响应信息。

次声波（infrasonic）：低于人类听觉范围的频率的声波。

平方反比定律（inverse square law）：物理定律讲到强度与距离的平方成反比。在声学方面，每增加一倍距离，就会导致 6dB 的下降；距离增加为原来的 10 倍，声压级衰减 20dB。

隔离（isolation）：防止声波传入或者传出某个空间。

隔声间（isolation booth）：设计用于容纳或者隔离某个声源的小房间，从而在录音的时候不会产生串声。

低频效果声（LFE）：Low Frequency Effects 的缩写。环绕声系统中的".1"用于承载低频信息。这个概念是为电影和视频音效中能量强的低频成分，例如爆炸声，提供单独的驱动器和放大器。

听音位置（listening position）：在监听音频时的听音位置。

活跃的（live）：反射声较多，而吸声少。

一端活跃 / 一端沉寂（Live-End/Dead-End，LEDETM）：一种某品牌工作室声学设计的术语，其特点是在房间的一端进行吸声处理，在房间的另一端进行反射处理。

定位（localization）：辨别空间中声源方向的能力。

响度（loudness）：客观地说，是测得的某种声音的声压级；主观上，响度取决于声音的频率和音色，并因听者而异。

机房（machine room）：工作室中的专用房间，旨在隔离可能导致环境本底噪声增加的设备（例如计算机、硬盘驱动器和磁带机）。

中密度纤维板（MDF）：Medium-Density Fiberboard 的缩写，一种由加工过的木纤维与树脂结合制成的木制品，可用于任何可能使用实木的地方。

薄膜陷阱（membrane trap）：具有薄膜、面板、隔膜或表面的低频陷阱类型，可响应低频声波而振动。

话筒（microphone，mic）：将声波转换为电信号的换能器。

中频段（midrange）：从字面上看，是频率范围的中间部分。在人的听觉范围内没有确切频率范围定义为“中频”；它介于低频和高频之间。

毫秒（millisecond，ms）：秒的 1/1000。

调音台（mixer）：最基本的是用于组合音频信号的混音设备，通常包含复杂的音频线路和处理能力。

模态（modal）：见房间模式。

模态分布（modal distribution）：频率响应中房间模式的分布方式。

模式（mode）：见房间模式（room mode）。

振动模式（modes of vibration）：见房间模式（room mode）。

监听（monitor）：1. 用音箱收听音频；2. 工作室音箱，通常具有优化的“平坦的”频率响应；3. 计算机监视器。

单声道（monophonic）：一个音频通路。

音乐（music）：有组织的声音。

近场（near field）：将声源放置在靠近听音者的位置处，通常定义为小于一个波长，但是通常认为是 0.9m ～ 1.2m。通过广泛使用，“近场”成为一个商标术语。

近场监听（near field monitor）：工作室设计为靠近听音者处使用的音箱。近场监听音箱可以利用平方反比定律，即声压级随着距离的平方反比衰减。设计初衷是，当监听音箱靠近听音者时，主要听到的是直达声，反射声的能量很低（反射声对声音听感的影响很小）。

波节（node）：在整个波长上没有振动的位置。每个波节间隔

1/2 波长。

噪声（noise）：与任何需要的声音无关的声音（如果它与需要的声音相关，那就是“失真”）。

本底噪声（noise floor）：房间中的环境噪声或者设备底噪的声压级。降低本底噪声可以增加动态范围。

降噪系数（NRC）：Noise Reduction Coefficient 的缩写。通过对一系列倍频程吸声系数进行平均后得出的一种对声学材料整体性能的评价方式。由于取自平均值，它不包括材料的具体吸声数据，因此在多数对比情况下，它不如吸声系数有用。

空（null）：由于相位抵消或者增强，房间中特定频率或者频段声波声压级衰减到低谷的位置。

斜向模式（oblique mode）：房间内 6 个表面（四面墙、地板和天花板）之间，声波来回反射形成的房间模式。斜向模式的强度大约是切向模式的 1/2，是轴向模式的 1/4。

倍频程（octave）：1. 频率加倍或者减半；2. 音乐的八度音程。

全指向（omnidirectional）：同时向各个方向。全指向话筒以球面方式拾取声波，对所有方向声波的拾取能力相等。低频音箱的辐射形式接近全指向。

反相（out of phase）两个相同频率的声波在时间上的关系，波形中的波峰和波谷并不完美地对齐。 如果两个相同的信号相位相差 180°，则一个信号中的最高峰与另一个信号中的最低谷完全对齐，两者将完全相互抵消，导致静音。

泛音（overtone）：声源中与基频同时发生，并且高于基频的纯音。泛音可能是也可能不是基频谐音列的一部分，这取决于它们与基频的数学关系（泛音必须是基频的整数倍才能被称为谐波）。

薄板陷阱（panel trap）：见薄膜陷阱（membrane trap）。

参数均衡器（parametric equalizer）：由制作人 / 工程师 George Massenburg 发明的一种音频均衡器，特点是可以单独控制每个频带的电平增益、带宽及频率。

泛音（partial）：见泛音（overtone）。

无源监听音箱（passive monitor）：一种需要外部功率放大器的工作室监听音箱。

峰（peak）：1. 波形的最高点；2. 特定频率声波加强导致声压级提升的区域。

相位（phase）：在波形的 360° 周期循环中的位置。

相位抵消（phase cancellation）：两个相同的反相声波的相互破坏性的作用。由于两个声波相互加强或者相互干扰，让相位抵消特定频率声波的减弱或者增强。如果声波相位不同，它们的周期相位就不完全对齐，如果它们混合在一起，就可能会发生抵消，导致通常描述的声音“空洞”。相位抵消多少取决于两个声波的相位相差多远；180° 的完全反相导致 100% 抵消。相反，0° 和 360° 完全同相，导致声波叠加，彼此加强。

相位失真（phase distortion）：改变声波不同频率的相位关系。

粉红噪声（pink noise）一种用于达到测量目的的随机噪声类型，它的每个倍频程包含相等的能量。听起来“低频加重”，并且有些压抑。由于粉红噪声的能量分布，它适用于设备和房间及其他空间的频率响应测量。

音高（pitch）：由声波频率决定的音质。

有源监听音箱（powered monitor）：见有源监听音箱（active monitor）。

前置放大器（preamp）：在主要放大阶段之前用于对信号电平进行放大的电子设备。

Pro Tools（一种音频软件名称）：由 Digidesign 制造的基于计算机的 DAW 硬件和软件系统。

心理声学（psychoacoustics）：研究我们如何感知声音并从声学中提取信息的学科。

二次余数扩散体（quadratic residue diffusor）：使用数学公式设计的有随机表面图案的声学装置。

人耳听觉范围（range of human hearing）：一般认为是 20Hz ～ 20kHz。

稀疏（rarefaction）：由声波引起的压强减弱区域。与压缩相反。

嘎嘎声（rattle）：见颤动回声（flutter echo）。

反射（reflect）：从表面反弹。

无反射区（Reflection-Free Zone，RFZ）：录音室中主听音位置周围的吸声区域。

反射体（reflector）：用于反射声波的声学装置。

共振（resonance）：以特定频率振动的倾向。在声学中，由于房间模式或驻波而导致特定频率的提升。

共振频率（resonant frequency）：发生共振的频率。每种物体和每种材料都有一个共振频率。

共振模式（resonant mode）：见房间模式（room mode）。

谐振器（resonator）：响应声波而感应振动的声学装置。

混响（reverb）：见混响（reverberation）。

混响时间（reverb time）：房间内混响持续的时间。见混响时间 RT60。

混响衰减（reverberant decay）：房间内混响停止所需要的时间。见混音时间 RT60。

混响（reverberation）：房间内声源辐射的直达声停止后声音的持续。有时被误称为“回声”，混响的不同之处在于，它是一系列的反射声，通常不包含离散的可分辨的回声。

房间模式（room mode）：1. 房间内的一种低频驻波；2. 房间内特定频率的声学共振。当声音在平行表面之间反射并导致房间响应异常时，就会出现房间模式。

房中房（room within a room）：一种工作室建筑类型，其中建造了浮筑地板，然后在该地板上建造墙壁和天花板，从而形成一个与周围结构隔离的房间。

混响时间 RT60：Reverb Time-60 dB 的缩写。房间内混响衰减 60dB 所需要的时间。

信号通路（signal path）：1. 信号通过一系列设备的路径。2. 音频信号在录音室中进行录制、混合或处理时通过的设备。

正弦波（sine wave）：一种包含单一频率（基本频率）的波形，没有谐波或泛音。长笛产生的音调非常接近正弦波。

击掌回声（slap echo）：见回击（slapback）。

回击（slapback）：1. 声波在平行表面之间反射产生的回声。你可以通过拍手并聆听离散回声来测试击掌回声；2. 在 20 世纪 50 年代录音中流行的回声效果，在摇滚乐和其他风格的音乐中也很流行。

板条吸声器（slatted absorber）：见亥姆霍兹共鸣器（Helmholtz absorber）。

声波（sound）：人耳听力范围内的振动。

声屏障（sound barrier）：用于阻止声波传播的材料。

隔声（sound isolation）：一种技术上更正确的说法是“隔振（soundproof）”。

声压级（sound pressure level）：声音的音量或响度，以 dB 表示。将 0dB 作为参考，代表人耳听力的最低阈值。80 ～ 90dB 是大多数录音工程师建议在录音室工作的范围，因为我们的耳朵在这个音量级别上有最好的响应。

声音传输等级（Sound Transmission Class，STC）：可用于比较不同材料提供的隔声效果的等级。在一系列测试中，将一系列频率的声音传输损耗绘制在图表上，将所得曲线与参考曲线进行比较，并确定 STC 等级。例如，1.27cm 厚石膏板的 STC 等级可能为 28。重要的是要注意，组合材料的 STC 等级不会叠加，因此墙壁上的两层石膏板不会导致 STC 等级变为 56。在这种特殊情况下，将石膏板加倍会使质量加倍，从而导致 STC 等级增加 6，从单板的 STC 28 增加到双层板的 STC34。正常的对话可以通过 STC 等级为 25 ～ 34 的材料被听到并听清。许多听音者认为 STC 65 或者更高的 STC 等级可以起到“隔声”作用。

声音传输损耗（Sound Transmission Loss，STL）：特定材料提供的依赖于频率的声音传输的隔声量的等级。例如，1.27cm（1/2 英寸）的石膏板在 125Hz 时的声音传输损耗等级可能为 15dB，这意味着通过石膏板的 125Hz 声波的声压级将降低 15dB。

声波（sound wave）：1. 人耳听觉范围内的物质振动导致的空气（或其他材料）中产生的波动；2. 由高压区（压缩区）、低压区（稀薄区）、高压区等组成的周期性压力波前，通过空气或其他物质传播。

隔振（soundproof）：不受声波的影响。如果没有大量的建设和费用，几乎不可能实现。

备用卧室（spare bedroom）：家庭工作室的常用位置。

扬声器（speaker）：将电信号转换为声波的换能器。

声速（speed of sound）：在1个标准大气压，15℃的空气中，声音传播的速度约为340m/s。

SPL：见声压级（sound pressure level）。

声级计（SPL meter）：测量声压级的设备。

驻波（standing waves）：声波在房间内两个平行表面之间反射。驻波总是会对房间的响应产生负面影响，并通过声学处理对其进行控制。

立体声（stereo）：相关音频素材的两个声道。

立体声（stereophonic）：见立体声（stereo）。

亚声速（subsonic）：以低于声速的速度传播。

低音音箱（subwoofer）：专用于产生低频声波的音箱，通常低于120Hz。

超声速（supersonic）：以比声速更快的速度传播。

环绕声（surround sound）：多于两个以上音频素材声道的声重放系统。

最佳听音位置（sweet spot）：在听音室中具有最佳响应和声像的位置。对于立体声，通常是与两个监听音箱构成等边三角形的第3个点。

共振（sympathetic vibration）：与材料本身的固有频率相同的频率的振动。与固有频率相同的频率振动引起振幅加强，被称为“共振”。

切向模式（tangential mode）：声波在房间的4个表面（4面墙或者两堵墙、天花板和地板）之间反射引起的房间模式。切向模式的强度大约是轴向模式的一半，是斜向模式的两倍。

测试音（test tone）：在房间内的或者通过设备播放具有特定频率和音色的声信号，以帮助分析声学性能或者测量响应。

音色（timbral）：与声音的音质有关。

音色（timbre）：声音的音质。

音色 / 音调：1. 独特的音高；2. 声音的音色特征；3. 在音乐术语中，指一个全音。

纯音扫频（tone sweep）：见扫频（sweep）。

换能器（transducer）：将一种能量转换为另一种能量的装置。

瞬态（transient）：一种快速、非重复的波形，峰值比周围声音或信号的平均声压级更高。例如吉他音符的“弹拨”部分、钢琴音符的锤击部分及大多数打击乐器的起音部分。

转化（translate）：当在不同的播放系统上欣赏时，音频混音的一致性如何。

传输损耗（transmission loss）：参见声波传输损失（sound transmission loss）。

陷阱（trap）：见低频陷阱（bass trap）。

调谐吸声体（tuned absorber）：为吸收特定频率或频率范围内的声波而设计和优化的声学装置。

高音喇叭（tweeter）：多单元驱动音箱系统中的高频换能器。

超声波（ultrasonic）：高于人耳听觉范围的频率的声波。

音量（volume）：信号响度，取决于听音者的主观感知。

波形（waveform）：1. 从学术上讲，绘制的周期信号的电压随时间变化的图表；2. 声波的“形状”，波形决定了声音的音色。

波长（wavelength）：1. 正弦波的一个峰值与下一个峰值之间的

距离；2. 用音速除以正弦波频率的结果；3. 声波的物理长度。波长对于计算房间模式很重要。

计权（weighting）：在进行测量时，将结果修正为与我们耳朵感知到的更好地匹配。例如，一条应用于声压级测量的曲线，以更准确地反映我们的耳朵如何感知响度。另一种计权可能会补偿我们耳朵的频率响应。

湿的（wet）：处理后的信号，通常是人工混响处理。

白噪声（white noise）：一种用于达到测试目的的随机噪声信号，包含所有频率成分的声音，并且能量相等。因为每高一个倍频程的频率数值加倍，白噪声听起来比较明亮，并且有“嘶嘶”声；在高频的倍频程内能量聚集。

低音音箱（woofers）：多单元驱动音箱系统中的低频换能器。